Pflanzenkrankheiten und Schädlinge im Ackerbau

Prof. Dr. Rudolf Heitefuss
Dr. Klaus König †
Dr. Alfred Obst
Dr. Manfred Reschke

4., überarbeitete und erweiterte Auflage

W0401700

VERLAG
VERLAGSUNION AGRAR

Bibliografische Information **Der Deutschen Bibliothek**

Die Deutsche Bibliothek verzeichnet diese Publikation in der Deutschen Nationalbibliografie; detaillierte bibliografische Daten sind im Internet über <http://dnb.ddb.de> abrufbar.

Titelbilder: Großes Bild: *Phoma*-Blattflecken (siehe Seite 73 oben)
Kleine Bilder: Oben (siehe Seite 43 oben links), Mitte (siehe Seite 59 unten rechts), Unten (siehe Seite 155 unten rechts)

Bildnachweis: BASF 19 (1 x)
Dr. Baufeld 155 (2 x)
Bayer 19 (1 x)
Bayer Vital 103 (4 x)
Dr. Burghaus 91 (2 x)
Dr. Heupel 69 (1 x)
Dr. Holtschulte 61 (1 x), 63 (1 x), 65 (1 x), 67 (1 x), 69 (2 x), 73 (1 x), 75 (2 x), 77 (1 x), 89 (1 x), 97 (1 x), 99 (1 x), 105 (1 x), 107 (1 x), 109 (1 x), 115 (2 x)
Dr. Hunnius 117 (2 x)
Dr. Kakau 135 (1 x)
Dr. v. Kröcher (2 x)
Dr. Krostitz 95 (1 x), 105 (1 x)
Dr. Munzert 107 (1 x), 115 (1 x)
Prof. Proeseler 65 (1 x), 145 (1 x)
Dr. Radtke 121 (2 x)
Dr. Rudnick 95 (1 x), 103 (2 x), 105 (1 x), 113 (2 x)
Dr. Rieckmann 79 (1 x), 83 (3 x), 87 (3 x), 89 (2 x)
Dr. Schäufele 55 (1 x), 67 (1 x), 71 (1 x), 75 (1 x), 77 (1 x), 83 (1 x)
Dr. Schietinger 55 (1 x)
Dr. Schiffer 79 (1 x), 91 (1 x)
Dr. Ulber 81 (2 x)
Prof. Winner 65 (1 x), 67 (1 x)

Die nicht aufgeführten Abbildungen stammen von den Autoren.

Die Vervielfältigung und Übertragung einzelner Textabschnitte, Zeichnungen oder Bilder, auch für den Zweck der Unterrichtsgestaltung, gestattet das Urheberrecht nur, wenn sie mit dem Verlag vorher vereinbart wurden. Im Einzelfall muss über die Zahlung einer Gebühr für die Nutzung fremden geistigen Eigentums entschieden werden. Das gilt für die Vervielfältigung durch alle Verfahren, Scannen der Abbildungen, einschließlich Speicherung, Veränderung, Manipulation im Computer und jede Übertragung auf Papier, Transparente, Filme, Bänder, Platten und andere Medien.

Alle Informationen und Hinweise ohne jede Gewähr und Haftung.

© 2000, DLG-Verlags-GmbH, Eschborner Landstraße 122
60489 Frankfurt am Main
Telefon (0 69) 2 47 88-0
Telefax (0 69) 24 78 84 80
E-mail: dlg-verlag@dlg-frankfurt.de
Internet: http://www.dlg-verlag.de

1. Nachdruck 2003

Gedruckt auf chlorfrei gebleichtem Papier.

Printed in Germany: ISBN-3-7690-0576-7

Gesamtherstellung: Wetzlardruck GmbH, 35578 Wetzlar

Vorwort

Der Pflanzenschutz im Ackerbau hat in den vergangenen Jahren immer mehr an Bedeutung gewonnen. Dies hat sicherlich eine wichtige Ursache in den gesamtwirtschaftlichen Rahmenbedingungen, die den Landwirt gezwungen haben, zu spezialisierten Produktionssystemen überzugehen und alle Möglichkeiten zur Ertragssteigerung und Ertragssicherung zu nutzen. Die immer stärker auseinanderklaffende Schere der Kosten für Produktionsmittel einerseits und der Erzeugerpreise andererseits erfordert aber nicht nur die Beachtung vorbeugender Maßnahmen zur Verminderung der Schadenswahrscheinlichkeit in den verschiedenen Kulturen, sondern auch einen sparsamen Umgang mit chemischen Pflanzenschutzmitteln, die möglichst gezielt und effektiv eingesetzt werden sollten. Voraussetzung für einen derartigen Pflanzenschutz mit Maß und Ziel ist eine genaue Kenntnis der zahlreichen Pflanzenkrankheiten und Schädlinge, die unsere Kulturen bedrohen, die exakte Einschätzung der Befallssituation und nach Möglichkeit auch die Berücksichtigung entsprechender Werte für Bekämpfungs- und Schadensschwellen.

Das vorliegende Buch soll eine Lücke in der Literatur füllen, die in dieser Hinsicht in den letzten Jahren in zunehmendem Maße vor allem von der landwirtschaftlichen Praxis, den Studenten der Landwirtschaft und auch der Beratung empfunden wurde. Die Autoren haben sich bemüht, in sehr knapper, aber dennoch möglichst informativer Form, die wichtigsten Kenntnisse über die wirtschaftliche Bedeutung, die Schadbilder einer Erkrankung oder eines Befalls, die Biologie der Krankheitserreger und Schädlinge sowie die Bekämpfung zusammenzufassen. Unter dem letztgenannten Punkt werden jeweils auch die vorbeugenden Maßnahmen zur Herabsetzung der Schadenswahrscheinlichkeit kurz angesprochen und, wenn möglich, Angaben über Bekämpfungs- oder Schadensschwellen gemacht. Bei den direkten, chemischen Bekämpfungsmaßnahmen werden nur in wenigen Ausnahmefällen einzelne Wirkstoffgruppen oder Wirkstoffe genannt. Detailinformationen über einzusetzende Pflanzenschutzmittel sind in vielen anderen Veröffentlichungen oder auch den Warnmeldungen des amtlichen Pflanzenschutzdienstes zu finden. Sie unterliegen überdies einem schnellen Wechsel und hätten den Rahmen dieses Buches bei weitem gesprengt. Für die Abbildungen werden jeweils typische Symptome verschiedener Stadien der Erkrankung oder des Befalls ausgewählt, nach Möglichkeit auch das für eine zeitgerechte Bekämpfung entscheidende Erscheinungsbild. Auch hier wäre es über den Rahmen des Buches hinausgegangen, z. B. Sporenformen einzelner Pilze oder artspezifische Details einzelner Schädlinge abzubilden. Eine Beschränkung im Umfang war auch bei den einbezogenen Kulturen notwendig, hier konnten nur für Getreide, Zuckerrüben, Kartoffeln und Raps die wichtigsten Krankheiten und Schädlinge berücksichtigt werden. Ob hier später einmal eine Erweiterung erfolgen kann, wird sicherlich auch von der Praxis abhängen. Für Verbesserungsvorschläge sind die Autoren in jedem Fall dankbar. Bei der Abfassung des Textes und der Auswahl der Abbildungen war eine gute Abstimmung zwischen den einzelnen Autoren und dem Verlag notwendig. Mehrere Kollegen haben uns darüber hinaus fehlende Abbildungen zur Verfügung gestellt und uns mit kritischem Rat unterstützt. Allen Beteiligten sei an dieser Stelle gedankt, insbesondere den Herren Dr. Schäufele und Dr. Ulber.

Dass wir die im Literaturverzeichnis aufgeführten, zum Teil erst kürzlich erschienenen und von Inhalt und Umfang sehr viel weiter gehenden Veröffentlichungen nutzen konnten, war uns gleichfalls eine große Hilfe. In der genannten Literatur findet der interessierte Leser Informationen, die für ein weitergehendes Studium der in diesem Buch mehr unter praktischen Gesichtspunkten vorgestellten Krankheiten und Schädlinge unerlässlich sind. Die Autoren hoffen auf eine gute Aufnahme des Buches in einem möglichst breiten Kreis von Interessenten und auch darauf, dass die bessere Kenntnis von Krankheiten und Schädlingen zur Weiterentwicklung eines Pflanzenschutzes mit Maß und Ziel beitragen kann.

Sommer 1984

R. Heitefuss, K. König,
A. Obst, M. Reschke

Vorwort zur 4. Auflage

Das Interesse an dem vorliegenden Buch ist weiterhin so erfreulich groß, dass nunmehr bereits die 4. Auflage erforderlich ist. Die Autoren haben diese Gelegenheit gerne genutzt, um die Beiträge nach den neuesten Erfahrungen und Erkenntnissen zu aktualisieren. Manche Abbildungen ließen sich durch aussagekräftigere Bilder ersetzen. Auch wurde das Literaturverzeichnis um wesentliche Veröffentlichungen bis 1999 ergänzt. Die zunehmende Bedeutung einiger Krankheiten und Schädlinge in den letzten 6 Jahren machte die Neuaufnahme von 15 Erregern notwendig.

Leider konnte unser viel zu früh verstorbener Kollege Klaus König die Neubearbeitung nicht mehr übernehmen. Wir haben daher die betreffenden Kapitel unter uns aufgeteilt und hoffen, die Bearbeitung in seinem Sinne durchgeführt zu haben.

Wiederum danken die Autoren jenen Kolleginnen und Kollegen, die sie durch wertvolle fachliche Hinweise und entsprechendes Bildmaterial unterstützt haben, insbesondere den Herren Professor Hoppe, Dr. Holtschulte, Dr. Schäufele und Dr. Ulber.

Wir wünschen der 4. Auflage ebenfalls eine weite Verbreitung zum Nutzen von Praktikern, Beratern und Studierenden der Agrarwissenschaften.

Frühjahr 2000

R. Heitefuss, A. Obst, M. Reschke

Inhalt

Krankheiten und Schädlinge an Getreide

Dr. Alfred Obst

Krankheiten und Schädlinge der Zuckerrübe

Prof. Dr. Rudolf Heitefuss

Krankheiten und Schädlinge beim Raps

Dr. Klaus König, Prof. Dr. Rudolf Heitefuss

Krankheiten und Schädlinge der Kartoffel

Dr. Manfred Reschke

Krankheiten und Schädlinge bei Ackerbohnen und Erbsen

Dr. Klaus König, Dr. Manfred Reschke

Krankheiten und Schädlinge an Mais

Dr. Klaus König, Dr. Alfred Obst

1 Typhula-Fäule

Typhula incarnata

Bedeutung: Bei Wintergerste neben Schneeschimmel wichtigste Auswinterungskrankheit, häufiger auf leichten Böden. Schadensausmaß von Jahr zu Jahr stark schwankend. Wachsende Bedeutung durch Zunahme der Wintergerstenanbauflächen, Vorverlegung der Saatzeit und Anbau vorwiegend der anfälligeren zweizeiligen Sorten. An anderen Wintergetreidearten und Gräsern in Mitteleuropa meist nur von untergeordneter Bedeutung.

Schadbild: Nach Winterruhe einzeln, reihen- oder nesterweise vergilbende Pflanzen; Vergilben und Absterben zuerst der äußeren Blätter von der Spitze her, schließlich der ganzen Pflanzen. Bei hoher Feuchte an Pflanzenbasis schmutzig-weißes Pilzgeflecht; später anfangs weißliche, dann rot- bis dunkelbraune, 0,5 – 4 mm große rundliche Sklerotien (Dauerorgane) auf und zwischen toten Blattscheiden, auf Blattspreiten und am Wurzelhals. Schaden in erster Linie durch Bestandsauslichtung; teilgeschädigte Pflanzen auch in Entwicklung beeinträchtigt, Abreife verzögert und ungleichmäßig. Schadenshöhe von unbedeutendem Vergilben bis zu umbruchreifer Flächenschädigung. – Vergilben auch durch Viröse Gelbverzwergung oder Gelbmosaikviren der Wintergerste, Nährstoff- oder Wassermangel, Staunässe oder Kälteeinwirkung; »Auswintern« nach Schneeschimmelbefall oder Kahlfrösten.

Biologie: Sklerotien besonders in leichteren, weniger belebten Böden jahrelang überdauernd, durch häufigen W'Gerstenanbau im Boden angereichert. Ausbreitung des Erregers durch Pilzfäden in kalter Jahreszeit bei feuchten Bedingungen; Infektion nur geschwächter Pflanzenteile, z. B. nach Mehltaubefall, Anwendung aggressiver Herbizide, Luftabschluss der Saaten unter verkrusteter Schneedecke oder nach natürlicher Alterung üppig entwickelter Saaten. Wirtspflanzen sind alle W'Getreidearten, Gräser und einige zweikeimblättrige Pflanzenarten, jedoch W'Gerste besonders gefährdet. Befall durch lange Schneedecke auf ungefrorenem Boden gefördert.

Bekämpfung: Keine zu enge Folge von W'Gerste und anderen früh gesäten W'Getreidearten und Gräsern, ersatzweise Anbau von S'Getreide; Wahl wenig anfälliger W'Gerstensorten. Saat nach Pflugfurche nur in gut abgesetzten Boden, nicht zu früh, zu dicht und zu tief. Verhaltene N-Düngung im Herbst. Herbizidanwendung im Herbst nicht zu spät, nur gut verträgliche Mittel. – Saatgutbeizung oder/und späte Herbstspritzung mit speziellen Fungiziden, auch gegen Wegbereiter Mehltau (in diesem Fall Spritzung zeitig). Bei Teilschäden zu Vegetationsbeginn schnell wirkenden N-Dünger; Umbruch nur bei Pflanzendichten unter 40 % des Normalbestandes oder großen Bestandeslücken.

Pilzgeflecht mit ersten Sklerotien

Sklerotien an Sprossbasis

Bestandsauslichtung

Ausschnitt aus Bekämpfungsversuch

2 Schneeschimmel, Keimlings- und Ährenerkrankung

Microdochium nivale, syn. *Fusarium nivale (Monographella nivalis)*

Bedeutung: Wichtigster Keimlingsparasit, insbesondere bei W'Getreidespätsaaten, und Erreger der Schneeschimmelfäule vor allem an üppig entwickelten Wintergetreidesaaten; in einzelnen Jahren hohe Ausfälle. Ährenbefall vor allem für Saatguterzeugung von Bedeutung, selten auch hohe Kornverluste; niemals Bildung von Mykotoxinen.

Schadbild: Nach der Saat Fehlstellen oder geschwächte Keimlinge, z. T. korkenzieherartig verdreht, nach Auflaufen mit dunkelbraun umsäumten Flecken. Nach Schneeschmelze üppig entwickelte Winterungen nesterweise zusammenfallend, anfangs mit schmutzig-weißem Pilzgeflecht, dann rötlich, schließlich schmutzig-braun verfärbt. Seltener Verbräunen der Halmbasis und -knoten, stark befallene Pflanzen im Wuchs gehemmt, vorzeitig ausgebleicht; ab Mai/Juni auf unterster Blattscheide violettschwarze Fruchtkörper (Perithezien) des Erregers. Auf oberen Blattetagen große ovale Blattflecke, erst wässrig-blassgrün, dann mit rosa Sporenlagern, schließlich braun. Ausbleichen einzelner Ährchen oder ganzer Ährenteile, am Spelzengrund oft mit unscharf-dunklem Ring. Nur bei frühen Infektionen Schmachtkorn, z. T. rötlich verfärbt. – Keimschäden auch durch *Septoria nodorum* und *Fusarium.* Auswintern durch Brachfrost, bei W'Gerste auch durch *Typhula*; Halmbasisbefall durch *Pseudocercosporella* oder *Fusarium*, partielle Taubährigkeit durch *Fusarium*.

Biologie: Schadpilz samen- und strohbürtig. Ausbreitung im Winter mit Pilzfäden auf Bodenoberfläche, in Vegetationszeit auch Sporenverbreitung durch Regen und Wind. Wirtspflanzen alle Getreidearten, Kultur- und Ungräser. Keimschäden nur bei Temperaturen unter 10 °C, Schneeschimmel bei lang andauernden feuchtkühlen Bedingungen (ab 0 °C), besonders unter Schneedecke auf ungefrorenem Boden; Ähreninfektion bei langen Feuchteperioden und Temperaturen nicht über 18 °C.

Bekämpfung: Gute Einarbeitung der Ernterückstände von Getreide und Gräsern; Queckenbekämpfung. Saatgut aus gesund abgereiften, nicht lagernden Beständen, scharf sortiert. Keine extrem frühe oder späte Saat der Winterungen, nicht zu dicht und tief, verhaltene N-Düngung im Herbst. Im Herbst keine zu späte Anwendung von Nachauflaufherbiziden, Wahl verträglicher Mittel. In Schneeschimmelbefallslagen Winterungen nicht nach Getreide- oder Gräservorfrucht bzw. Anbau von Sommerungen. – Sorgfältige Saatgutbeizung mit Fludioxonil-, Prochloraz- oder Guazatine-haltigen Präparaten. Bei geschädigten Beständen im Frühjahr zeitige N-Düngung; Umbruch nur bei Pflanzendichten unter 40 % des Sollbestandes oder bei großen Bestandeslücken erforderlich.

erkrankter Keimling mit Pilzgeflecht

Schneeschimmel nach Schneeschmelze

Microdochium-Blattbefallssymptom

partielle Taubährigkeit

3 Fusarium: Keimlings-, Fuß- und Ährenerkrankung

Fusarium graminearum (Gibberella zeae), F. culmorum u. a.

Bedeutung: Insbesondere bei Weizen, Hafer und Triticale in einzelnen Jahren und Lagen Ertragsverluste, auch schlechte Keimfähigkeit, verminderte Backqualität und u. U. Mykotoxine im Erntegut; Folgen: bei der Schweinemast verminderte Zunahmen, in der Schweinezucht Fruchtbarkeitsstörungen. Wachsende Bedeutung von *F. graminearum* durch Zunahme des Maisanbaus und nachfolgend nicht wendende Bodenbearbeitung.

Schadbild: Fehlstellen beim Auflaufen der Saat; auf Keimscheide und Wurzeln der Keimpflanzen braune längliche Flecke. Im Bestockungsstadium Bräunungen an Blattscheidenbasis. Später Stengelbasis diffus, z. T. streifig-braun, vermorscht; Knotenbefall; trockene Braunfäule an Wurzeln; Wachstumsbeeinträchtigung, vorzeitiges Abreifen der Pflanzen, bei starkem Befall Lagern. Ausbleichen einzelner Ährchen oder des oberen Ährenteils (partielle oder totale Taubährigkeit), nach feuchter Witterung an Spelzen und Ährenspindel rötliche Sporenlager; befallene Kornanlagen ganz zerstört, mit Schrumpfkorn oder ohne sichtbare Symptome. – Ähnliche Schadbilder am Keimling durch *Microdochium nivale, Septoria nodorum* u. a., im Bestockungsstadium durch *Pseudocercosporella*, an Wurzeln durch Schwarzbeinigkeit; Weißährigkeit nach Befall mit weiteren Fußkrankheitserregern, partielle Weißährigkeit nach *M. nivale*-Befall. Ährenspitzensterilität nach Wasser- oder Nährstoffmangel.

Biologie: Wirtspflanzen Mais, alle Getreidearten, zahlreiche Gräser; *F. culmorum* auch auf zweikeimblättrigen Pflanzenarten; für Ährenbefall Durum-Weizen besonders anfällig. Keimlingsschäden nach Saatgutbefall, Fußkrankheit auch von befallenen Ernterückständen oder Dauerformen der Erreger ausgehend. Die Askosporen von *F. graminearum* werden durch Luftwirbel in einem Zyklus bis zur Ähre verbreitet; höchste Empfindlichkeit des Weizens Mitte des Ährenschiebens bis Ende der Blüte. Günstig für Sämlingsfäulen Boden trocken, 15-25 °C, für Wurzel- und Stengelbefall Trockenheitsstress der Wirtspflanzen, für Ährenbefall ab Beginn des Ährenschiebens bis Ende der Blüte warm-gewittrig. *Fusarium*-Toxinbildung bereits auf dem Feld, im Getreidelager bei hoher Feuchte fortgesetzt.

Bekämpfung: Mais-Vorfrucht erhöht das Risiko durch Ährenfusarien, daher sorgfältige Einarbeitung von Maisstoppeln und Getreidestroh, Förderung der Strohrotte; Vorsicht mit kurzstrohigen Sorten und Halmverkürzung mit Wachstumsreglern. Saatgut nur aus gesunden Beständen, Beizung bringt u. U. nur Teilerfolg, nicht zu tief aussäen; ausgeglichene Nährstoffversorgung. Nur trockenes Erntegut ($\leq$ 13 % H_2O) einlagern. Durch spezielle Fungizide gegen Ährenfusarien nur Teilerfolge; die Behandlung muss 0–2 Tage nach dem Infektionstermin möglichst mit Doppelflachstrahldüsen erfolgen.

Befallsbild Ende der Bestockung

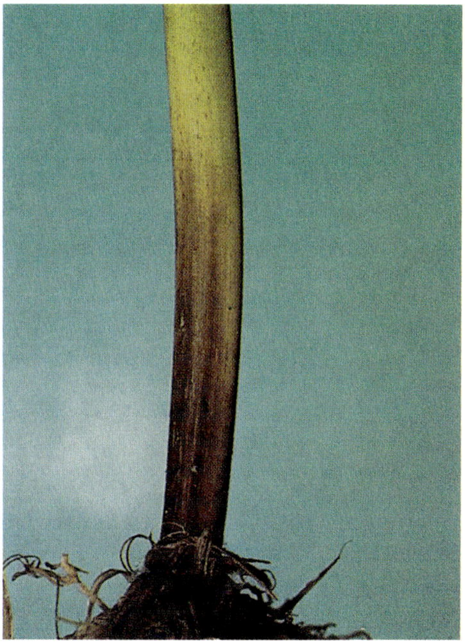

Fusarium-Halmbasisbefall

partielle Taubährigkeit

stark befallene Weizenkörner (oben)

4 Halmbruchkrankheit

Pseudocercosporella herpotrichoides

Bedeutung: In feucht-kühlem Klimabereich wichtigste Getreidefußkrankheit, Ertragsverluste bis zu 30 %. Besonders in Jahren und Lagen mit hoher Ertragserwartung auf mittleren und schweren Böden. Frühe Saat der Winterungen besonders befallsfördernd.

Schadbild: Im Jugendstadium auf Blattscheiden an Bodenoberfläche glasigbraune Flecke, im Befallszentrum z. T. aufreißend; stark befallene Triebe absterbend. Bei Milchreife an Halmbasis Augenflecke ohne scharfe Abgrenzung zum gesunden Gewebe, z. T. mit schwarzen Knötchen unter der Halmoberhaut; bei starkem Befall Verbräunen ganzer Halmabschnitte, im Innern mit dichtem weißlich-grauem Geflecht, begrenzt auf Befallsstelle. Vermorschen der Halmbasis, Lagern des Bestandes. Nach Hitzeperiode auch gleichmäßig im Bestand verteilte Weißährigkeit, an diesen Pflanzen nach feuchter Witterung Schwärzepilze und sekundär Wurzelfäulen. – Am Halmgrund auch Augenflecke mit scharfer Begrenzung durch weniger gefährlichen Scharfen Augenfleck. Flächige Verbräunungen sowie Lagern durch *Fusarium* und andere Fußkrankheitserreger. Weißährigkeit (nesterweise!) bei Schwarzbeinigkeit. Lagern allein bedingt durch überhöhte N-Düngung.

Biologie: Schadpilz mehrere Jahre auf Stoppelresten im Boden überdauernd; von Befallsresten auf Bodenoberfläche Infektion bei lang anhaltender feuchtkühler Witterung (5-15 °C und wassergesättigte Atmosphäre), also von Herbst bis Frühsommer, möglich. Pilz langsam durch Blattscheiden bis Halm wachsend; Hemmung bei Temperaturen ab 25 °C. Weizen am anfälligsten und empfindlichsten, W'Roggen und Triticale etwas weniger anfällig und empfindlich; W'Gerste noch widerstandsfähiger, Hafer und Nutzgräser kaum befallen; Wirtspflanzen auch einige Ungräser.

Bekämpfung: Weizen als erste Halmfrucht nach Blattfrüchten anbauen; nach Getreidevorfrucht sorgfältiger Stoppelumbruch, Förderung der Stoppelrotte, Beseitigung des Ausfallgetreides. Sorten mit guter Standfestigkeit; Saat des Wintergetreides nicht zu früh, zu dicht und zu tief, keine einseitige und übermäßige N-Düngung; Kalkstickstoffanwendung im Frühjahr. Ungräserbekämpfung in allen Fruchtfolgegliedern. – Halmbruchfungizide Ende der Bestockung bis Spitzen des Fahnenblatts, wenn ca. 20 % der Pflanzen im Färbe- oder Labortest befallen, bei Weizen auch aufgrund indirekter Kriterien (feucht-kühle Frühjahrswitterung, frühzeitige Aussaat im Herbst, früher Vegetationsbeginn und dichter Pflanzenbestand); Halmbruchwarndienst beachten. Wachstumsregler nur gegen das Symptom Lagern wirksam, nicht gegen Zerstörung der Nährstoffbahnen.

Befallsbild Ende der Bestockung

Augenflecksymptome an Halmbasis

Pseudocercosporella-Weißährigkeit

Halmvermorschung und Halmbruch

5 Schwarzbeinigkeit

Gaeumannomyces (Ophiobolus) graminis

Bedeutung: Besonders bei Anbau von W'Weizen und W'Gerste mehrfach nacheinander, vor allem auf leichten, nährstoffarmen Böden; auch auf guten Weizenböden bei Strukturschäden; Ertragsverluste bis zu 50 %.

Schadbild: Schwarzfärbung und Absterben von einzelnen Wurzeln oder Teilen des Wurzelwerks. Bei starkem Befall: Pflanzen im Wuchs gestaucht, schlecht bestockt; vorzeitige Reife (Weißährigkeit) mit Kümmerkornbildung oder Taubährigkeit, durch Hitze und Trockenheit während Reifeperiode verstärkt. Auf weißährigen Pflanzen nach Regenperioden Schwärzepilze. Wurzeln und Halmbasis schwarz verfärbt, mit feinen dunklen Pilzfäden. Gegen Vegetationsende auf Halmbasis kleine schwarze Fruchtkörper (Perithezien). Befall meist nesterweise; Befallsflächen verunkrautet. W'Getreide stärker als S'Getreide befallen. – Nesterweise Wachstumshemmung auch durch Getreidezystenälchen. Weißährigkeit (gleichmäßig verteilt) nach Spätinfektionen des Halmbrucherregers. Wurzel- und Halmgrundvermorschung nach Befall mit *Fusarium*-Arten und anderen Fußkrankheitserregern.

Biologie: Erstinfektionen von befallenen Wurzel- und Stoppelresten im Boden, von infiziertem Ausfallgetreide oder Grasnebenwirten ausgehend. Ausbreitung von Wurzel zu Wurzel und von Wurzelspitze in Richtung Halmgrund; ab 12 °C, optimal bei 23 °C und ausreichender Bodenfeuchte. Erste Ausbreitung im Herbst auf Frühsaaten, dann bei feuchter Frühsommerwitterung. Bei mehrjährigem Anbau anfälliger Getreidearten Befallssteigerung in den ersten Jahren, danach oft Befallsrückgang bis auf ein mittleres Maß. In abnehmender Reihenfolge anfällig für die verbreitete Pilzvarietät *tritici*: Weizen, Gerste, Roggen; Hafer befallsfrei; Wirtspflanzen auch Quecken und andere Gräser. Sehr selten die Varietät *avenae,* und zwar an Hafer, auch an Weizen und Gerste sowie einigen Gräsern. Befallsrisiko bereits durch einjährige Anbaupause für Wirtspflanzen und Ungräser erheblich vermindert.

Bekämpfung: Weizen möglichst nur nach Blattfrucht oder Hafer, nicht auf Weizengrenzböden. Bodenverdichtungen vermeiden, Belebung des Bodens durch organische Düngung. Förderung schneller Stoppelumsetzung. Frühzeitige Vernichtung des aufgelaufenen Ausfallgetreides; sorgfältige Queckenbekämpfung in allen Fruchtfolgegliedern. Keine zu frühe und zu dichte Saat der Winterung, für schnelle und kräftige Entwicklung sorgen. Bei Befall Ausgleichsdüngung, dabei Stickstoff in Ammoniumform. Keine nutzbaren Sortenresistenzen vorhanden. In gefährdeten Lagen kann neuerdings eine Saatgutbehandlung mit Spezialfungiziden das Schadensrisiko mindern.

starker Wurzel- und Halmbasisbefall durch *Gaeumannomyces*

nesterweise Gaeumannomyces-Weißährigkeit

6.1 Netzfleckenkrankheit der Gerste

Drechslera (Pyrenophora) teres, syn. *Helminthosporium teres*

Bedeutung: Zunehmend in Gebieten mit verbreitetem W'Gerstenanbau, bei anfälligen Sorten, frühzeitiger Aussaat und hoher N-Düngung. Hohes Schädigungsvermögen.

Schadbild: Auf Blattspreiten Aufhellungen unterschiedlicher Größe mit brauner Netzstruktur, von gelbem Hof umgeben; später streifenförmige, von Blattadern begrenzte Verbräunungen. Absterben befallener Blätter von der Spitze her; auch Verbräunungen der Grannen und Spelzenspitzen. – Lange Streifennekrosen, die später aufreißen, bei der Streifenkrankheit; kleine Flecke mit gelbem Hof auch durch *Ramularia*.

Biologie: Erste Infektionen von befallenen Ernterückständen auf Bodenoberfläche, Ausfallgetreide und infiziertem Saatgut ausgehend. Zahlreiche Vermehrungszyklen in schneller Folge oft erst nach dem Ährenschieben. Sämlingsbefall bei kühlen Keimbedingungen, weitere Infektionen besonders bei warmer Witterung (Optimum 18-24 °C) und Feuchtigkeit.

Bekämpfung: Ernterückstände und Ausfallgetreide sorgfältig einarbeiten. Kein Anbau von Gerste nach Gerste, Wahl wenig anfälliger Sorten, keine extrem frühe W'Gerstensaat; gesundes gebeiztes Saatgut. Bei Anfangsbefall und günstiger Witterung zugelassene Strobilurin- oder Azolfungizide, Spritzung u. U. wiederholen.

6.2 Streifenkrankheit der Gerste

Drechslera (Pyrenophora) graminea, syn. *Helminthosporium gramineum*

Bedeutung: Bei fehlender oder unregelmäßiger Saatgutbeizung eine gefährliche Gerstenkrankheit.

Schadbild: An einzelnen Gerstenpflanzen ab Beginn des Schossens auf Blattspreiten erst gelbe, dann braune Längsstreifen; Aufschlitzen und Absterben der Blattflächen. Ähren oft steckenbleibend, mit Kümmerkorn oder taub.

Biologie: Blüten-Keimlings-Infektion: Saatgutverseuchung durch windbürtige Konidien während Getreideblüte (Dauermyzel des Erregers in Fruchtwand der Körner), dann Infektion der Gerstenpflanzen während Samenkeimung nur bei niedrigen Temperaturen (unter 10 °C, optimal 2 °C); in der Pflanze systemische Ausbreitung des Schadpilzes dann unabhängig von Außenbedingungen.

Bekämpfung: Saatgut mit guter Keim- und Triebkraft nur aus befallsfreien Beständen, Saatgutbehandlung mit Universalbeizmitteln. Schnelles Auflaufen durch entsprechende Bodenvorbereitung, Saatzeit und Saattiefe verringert das Befallsrisiko.

Netzflecken-Blattsymptom

Netzflecken-Bestandsbild

Streifenkrankheit: Blattsymptom

Streifenkrankheit: Ährensymptom

7.1 Helminthosporium-Blattdürre des Weizens

Drechslera (Pyrenophora) tritici-repentis, syn. *Helminthosporium tritici-repentis*

Bedeutung: Blattkrankheit besonders bei Weizen nach Weizenvorfrucht und nach nicht wendender Bodenbearbeitung sowie bei anfälligen Sorten.

Schadbild: Auf Blattspreiten kleine, ovale gelblichbraune Flecke mit dunklem Punkt; später unregelmäßig begrenzte Verbräunungen meist mit gelbem Hof und dunklem Infektionszentrum; von Blattspitzen fortschreitende Blattdürre. Blattachseln lange befallsfrei. – Ähnliche Blattflecke (oft in Blattachseln) bei Blatt- und Spelzenbräune.

Biologie: Befallsquellen infizierte Strohreste auf Bodenoberfläche, befallenes Saatgut. Ausbreitung bei warmer Witterung (über 20 °C) und Blattfeuchte. Deutliche Sortenunterschiede. Wirtspflanzen auch Roggen, Gerste und Quecke.

Bekämpfung: Gute Einarbeitung von Weizenstroh; Queckenbekämpfung. Kein Anbau von Weizen nach Weizen; weniger anfällige Sorten; gesundes Saatgut, mit Universalbeizmitteln behandelt. Ab Beginn der Befallsausbreitung Fungizide wie gegen Netzfleckenkrankheit der Gerste; Schutz der beiden obersten Blattetagen des Weizens besonders wichtig.

7.2 Bakterielle Spelzenfäule

Pseudomonas syringae pv. *atrofaciens*

Bedeutung: Seit Verbot der Quecksilberbeizmittel auf Weizen und Gerste häufiger, aber selten relevante Ertragseinbußen durch Verminderung des TKG. Auch verringerte Keimrate und Beeinträchtigung der Mehlqualität.

Schadbild: Ährensymptome am auffälligsten: Gleichmäßig braune Flecke an der Spelzenbasis, auch Innenseiten der Spelzen verbräunt. Oder braunschwarze Streifensymptome auf ganzer Spelze und z. T. Ährenspindel. Auch Halm unterhalb der Ähre manchmal mit braunen Flecken. Spelzeninfektionen oft zum Korn durchdringend, dann Keimlingsende dunkel verfärbt. Selten auch auf Blattspreiten kleine hellbraune Flecke, durch braunen Rand scharf abgegrenzt. Bei feuchter Witterung auf Befallsstellen gelegentlich ein weißlicher Bakterienschleim. – Verwechslungsmöglichkeiten mit *Septoria nodorum*, doch Fehlen der typischen Pykniden.

Biologie: Primärinfektion durch infiziertes Saatgut oder befallene Pflanzenreste. Sekundärinfektion nach Regenspritzerverbreitung bei feucht-kühler Witterung im Frühjahr. Wirtspflanzen auch Roggen, Hafer und einige Gräser.

Bekämpfung: Nur Saatgut aus gesunden Beständen verwenden, nicht zu dichte Getreidefolge. Keine direkte Bekämpfung möglich.

Helminthosporium-Anfangssymptome

Helminthosporium-Bestandsbild

Pseudomonas auf Weizenähre

Pseudomonas auf Gerstenkörnern

8 Rhynchosporium-Blattfleckenkrankheit

Rhynchosporium secalis

Bedeutung: Eine der wirtschaftlich bedeutsamsten Blattkrankheiten von Gerste; auch an Roggen und Triticale; Winterungen mehr gefährdet als Sommerungen. Zunehmende Bedeutung durch Vorverlegung der W'Getreideaussaatzeiten, Ausdehnung der W'Gerstenflächen und bevorzugten Anbau kurzstrohiger Sorten. Besonders in kühlfeuchten Anbauregionen und Jahren auftretend. Ertragsverluste bis 30 %, vor allem durch Verminderung des TKG.

Schadbild: Erste Erkrankung bei früh gesäter W'Gerste bereits im Herbst. Auf Blattspreiten und -achseln 1-2 cm lange, anfangs wässrig-graugrüne, später weißgraue ovale Flecke, die z. T. miteinander verschmelzen. Flecke nur bei Gerste mit purpurrotem bis dunkelbraunem Rand, gelegentlich umgeben von gelbem Hof. Bei Befall des ganzen Blattgrundes Nährstofffluss vollkommen unterbrochen, Blattspreite welkt und stirbt ab. Bei günstigen Vermehrungsvoraussetzungen Befallsfortschritt bis zu Fahnenblatt und Ähre; auf Erntegut allerdings nur selten Befallssymptome. Bei teilresistenten Gerstensorten auch wenig typische Blattflecke. – Ähnliche Flecke bei Ätzschäden durch AHL oder aggressive Kontaktherbizide.

Biologie: Ausgehend von befallenen Ernterückständen auf der Bodenoberfläche oder infiziertem Ausfallgetreide, auch von verseuchtem Saatgut. Für Sporenbildung, Ausbreitung sowie Infektion feucht-kühle Witterungsbedingungen Voraussetzung. Sporenbildung je nach Temperatur ab 10-20 Std. Blattnässedauer. Für die Sporenverbreitung durch Regenspritzer kurze, heftige Regenschauer günstiger als hohe Niederschlagsmenge oder -dauer. Infektion bei mindestens 7- bis 15-stündiger Feuchtedauer. Erste Symptome bei 10 °C und mittlerer Sortenresistenz ca. 19 Tage nach Infektionsbeginn. Erreger also mit langer Generationsdauer, dennoch hoher Vermehrungsrate. *Rhynchosporium*-Epidemien häufig bereits bei milder Winterwitterung beginnend. – Keine strenge Spezialisierung der Erregerherkünfte von Gerste, Roggen bzw. einzelnen Gräsern auf eine Wirtspflanzenart; bei Gerstenisolaten allerdings mehrere physiologische Rassen nachgewiesen.

Bekämpfung: Sorgfältiges Einarbeiten von Ernterückständen, Vernichtung von Ausfallgetreide und Ungräsern in allen Fruchtfolgegliedern. Möglichst kein Anbau von Gerste oder Roggen nacheinander. Wahl wenig anfälliger Sorten. Keine Frühsaat von W'Gerste und W'Roggen. Saatgutbeizung.
Während der Phase des Getreideschossens Fortschreiten des Erregers im Pflanzenbestand von unten nach oben durch gezielt kurativen Fungizideinsatz spätestens 8-12 Tage nach infektionsfördernder Witterung unterbinden; bei protektiver (vorbeugender) Ausbringung kein Schutz des Blattzuwachses. Behandlung also nach einzelnen Infektionsschüben, bevor neue Symptome sichtbar werden.

Rhynchosporium an Gerste

Rhynchosporium an Roggen

Rhynchosporium im Gerstenbestand

Rhynchosporium auf Gerstenähre

9 Echter Mehltau

Erysiphe graminis

Bedeutung: Wichtige Blattkrankheit von Gerste und Weizen; an übrigen Getreidearten weniger häufig. Frühbefall kann Spross- und Wurzelwachstum beeinträchtigen, Befall ab dem Ährenschieben verringert Assimilatbildung und -transport ins Korn. Nach Herbstbefall Gerste weniger frostresistent und anfälliger für *Typhula*-Fäule. Begünstigt durch warme, luftfeuchte Anbaulagen, anfällige Sorten, frühe Saat der Winterung und späte Saat der Sommerung, hohe Bestandesdichten und überhöhte Stickstoffdüngung.

Schadbild: Zuerst weiße Pusteln, dann »mehliger« Belag auf Blättern, Trieben, bei Weizen auch auf Ähren, zuerst an Längskanten der Spelzen; gegen Vegetationsende in schmutzig-weißem Überzug kleine dunkle Fruchtkörper (Kleistothezien). Vergilben und später Absterben der Befallsstellen; vor allem an Gerste als Abwehrreaktion z. T. auch wenig spezifische dunkelbraune Blattflecke. – Blattvergilbungen auch bei Trockenheit, Nährstoffmangel, Kälte oder Nässe; braune Blattflecke z. B. durch Helminthosporiosen oder Magnesiummangel; Spelzenverbräunung durch *Septoria nodorum*.

Biologie: Schadpilz nur auf grünem Pflanzengewebe, also ein obligater Parasit. Ausbreitung mit windbürtigen Konidien; bei günstigen Bedingungen (optimal 15-20 °C, keine starken Niederschläge) zahlreiche Vermehrungszyklen. Überwinterung als Pilzgeflecht auf lebenden Blättern; Übersommerung in Kleistothezien an Ernterückständen sowie als Pilzgeflecht auf aufgelaufenem Ausfallgetreide. Für jede Getreideart eine Mehltauspezialform, diese unterschiedlich an Resistenzfaktoren der Sorten angepasst (verschiedene Mehltauvirulenzen). Bei Gerste und Weizen gewisse »Altersresistenz« der oberen Blätter.

Bekämpfung: Anbau mehrerer Sorten einer Getreideart mit unterschiedlichen Mehltauresistenzen; keine unmittelbare Nachbarschaft von S'- neben W'Gerste und S'- neben W'Weizen. Keine Frühsaat der Winterungen, dagegen S'Getreide zeitig drillen. N-Düngung in mehreren Teilgaben angepasst an Bedarf. Verlustarme Ernte, saubere Bergung bzw. Einarbeitung von Stroh und Stoppelresten; großräumige Beseitigung des gekeimten Ausfallgetreides vor Auflaufen der ersten Wintersaaten.
Mehltaufungizide ab Beginn des Schossens gezielt bei ersten Pusteln und deutlicher Befallszunahme; in Frühbefallslagen und bei anfälligen Sorten auch vorbeugender Einsatz eines Mehltauspezialpräparats. Bei den Blattfungiziden möglichst zwischen Präparaten mit unterschiedlichen Wirkungsmechanismen wechseln, diese mischen oder entsprechende Fertigpräparate einsetzen. Spezifische Anwendungsvoraussetzungen der Mittel beachten.

Mehltaupusteln

fortgeschrittener Befall

Mehltau-Abwehrnekrosen auf Gerste

Ährenmehltau mit Kleistothezien

10 Gelb- und Braunrost

Gelbrost von Weizen, Gerste, Roggen: *Puccinia striiformis*
Braunrost von Weizen, Roggen: *P. recondita*
Braunrost = Zwergrost der Gerste: *P. hordei*

Bedeutung: Rostpilze sind Erreger mit höchster Vermehrungsrate und hohem Schädigungsvermögen. Gelbrost nur in einzelnen kühl-feuchten Jahren epidemisch. Braunrost häufiger in warmen Anbaulagen und Jahren, insbesondere an spätreifenden Getreidearten und -sorten. Bedeutung zunehmend durch hohe Anbauintensität des Getreides, den großräumigen Anbau anfälliger Sorten sowie die Ausweitung der Wintergerstenanbauflächen.

Schadbild: Auf Blattspreiten Pusteln mit pulvrigem Inhalt (Sommersporenlager): bei Gelbrost leuchtend gelb in Streifenform zwischen den Blattadern, bei Braunrost klein, rundlich und braun gefärbt, nesterweise oder zerstreut auf ganzer Blattspreite angeordnet. Pusteln später auch auf Blattscheiden und Ähren. Braunrostpusteln oft von hellem Hof umgeben. Vergilben und Vertrocknen befallener Blattflächen. Kurz vor der Reife schwarze Wintersporenlager, streifig bzw. zerstreut angeordnet, stets von Blattoberhaut bedeckt. Gelbrost anfangs nesterweise auftretend.

Biologie: Vermehrung ganzjährig durch Sommersporen nur auf lebendem Wirtsgewebe; Wintersporen mit Weiterentwicklung auf Zwischenwirten (Weizenbraunrost auf Wiesenraute, Roggenbraunrost auf Ochsenzunge, Gerstenbraunrost auf Milchstern) ohne Bedeutung. Überbrückung der Nacherntezeit auf Nachschossern und Ausfallgetreide, Überwinterung auf befallenem Wirtsgewebe bei nicht zu tiefen Frosttemperaturen. Vor allem bei Braunrost auch Fernzuflug der Sporen. Optimal für Gelbrost 10–15 °C (ab 20–25 °C reversible Hemmung) und lange Feuchteperioden, für Braunrost 15–22 °C Nachttemperatur mit Blattbefeuchtung für wenige Stunden. Gelbrost bevorzugt im atlantischen Klimabereich, Braunrost bei warmer Witterung, d. h. bei fortgeschrittener Vegetation. Spezialisierung der Rostarten jeweils auf eine Getreideart; innerhalb dieser Spezialformen weitere Differenzierung nach Pathotypen (Rassen).

Bekämpfung: Vernichtung des aufgelaufenen Ausfallgetreides; Anbau mehrerer Sorten mit unterschiedlichen Resistenzgenen bzw. unspezifischer Altersresistenz, bei Braunrostgefahr auch frühreifender Sorten. Winterung nicht zu früh, Sommerung dagegen frühzeitig säen; räumliche Trennung von Sommerung und Winterung einer Getreideart. Keine überhöhte N-Düngung, zu dichte Bestände vermeiden, Vorsicht bei Einsatz von Wachstumsreglern. Bei ersten Befallssymptomen und günstigen Vermehrungsbedingungen Rostfungizide mit kurativer und lang anhaltender vorbeugender Wirkung.

Gelbrost: Blattbefall

Gelbrost: Ährenbefall

Zwergrost: Blattbefall

Braunrost im Bestand

11 Blatt- und Spelzenbräune

Septoria (Leptosphaeria) nodorum

Bedeutung: Die Blatt- und Spelzenbräune entwickelt sich relativ spät, kann dennoch durch eine schnelle Generationsfolge in sommerfeuchten Anbaulagen bei Weizen Verluste bis 30 % verursachen, insbesondere durch Minderung des TKG und der Kornzahl/Ähre. *Septoria*-Blattbefall wird oft nicht erkannt, hat jedoch stärkere Ertragsauswirkungen als der Ährenbefall, weil mehr Assimilationsfläche zerstört wird und die Assimilate nicht abtransportiert werden. Die Wirtspflanze wird auch direkt durch Pilzgifte geschädigt. Besonders gefährdet sind lagernde sowie kurzstrohige Bestände. Auflaufschäden haben bei Fungizid-Saatgutbehandlung keine Bedeutung.

Schadbild: Keimlinge verbräunt und verkrümmt, schlechter Feldaufgang. Ab Schossphase auf untersten, noch grünen Blättern 1-2 mm große, linsenförmige Flecke, oft mit gelblichem Hof. Später vergrößerte Nekrosen, z. T. Infektionsstellen als dunkelbraune Punkte noch sichtbar. Typisch sind der Befall der Blattachseln und dessen Ausdehnung auf die Blattscheiden. Erst auf abgestorbenen Gewebeteilen nach Blattnässe kleine braune Fruchtkörper (Pyknidien), die bei Befeuchten rosa Sporenschleim entlassen; in Durchlichtbetrachtung mit 30-facher Lupe Pyknidien honigbraun. Bei Ährenbefall Verbräunung der Hüllspelzen von der Spitze her, Deckspelzen meist nur im oberen freien Teil verbräunt. Schlechte Kornausbildung. Keimlingserkrankung auch durch *Fusarium* und andere Erreger. Ähnliche Blattflecke (nicht in Blattachseln) durch *Helminthosporium*-Blattdürre. Spelzenverbräunung auch durch Mehltau und Bakterielle Spelzenfäule.

Biologie: Epidemie von befallenen Ernterückständen auf Bodenoberfläche und/oder infiziertem Saatgut ausgehend. Verbreitung der Pyknosporen durch Regenspritzer bei Niederschlag ab 0,5 mm/Std. in höhere Blattetagen bis zur Ähre. Blattfeuchte und Wärme (optimal 20–25 °C, Nachttemperatur mindestens 10 °C) sind entscheidend; Alterung oder jegliche Schwächung der Blätter beschleunigen die Erregerentwicklung; Vermehrung daher zunächst in unteren Blattetagen. Auf abgestorbenem Gewebe Sporenbildung dreimal so schnell wie auf lebendem. Weitere Wirtspflanzen sind Gerste, Roggen, Triticale und Gräser.

Bekämpfung: Ernterückstände sorgfältig einarbeiten; Wahl weniger anfälliger, nicht zu kurzstrohiger Sorten. Gesundes Saatgut; frühe Saat des S'Weizens. Lager verhüten, jedoch Zurückhaltung bei Halmverkürzung. Keine Schwächung der Bestände. Saatgutbeizung, alle Weizen-Beizmittel sind *Septoria*-wirksam. Bekämpfungsschwelle: beim Ährenschieben 12 % der Blätter von F-4 oder F-3 befallen. Ein kurativ und protektiv wirksames *Septoria*-Fungizid dann möglichst unmittelbar vor einem Infektionsschub oder 3-4 Tage nach Infektionsbeginn ausbringen, auch in Kombination mit einem Kontaktfungizid.

Schaden an Keimlingen (links und Mitte)

Blattachselinfektionen

Ährenbefall durch *Septoria nodorum*

Pyknidien im Durchlicht: honigbraun

12 Septoria-Blattdürre

Septoria tritici (Mycosphaerella graminicola)

Bedeutung: Weltweit verbreiteter Blattdürre-Erreger auf Weizen; Hauptschadgebiete in feucht-kühlen Küsten- und Mittelgebirgslagen. Zunehmende Bedeutung durch Vorverlegung der Aussaatzeiten und nicht wendende Bodenbearbeitung. Bei starkem Befall Ertragsverluste bis 30 %.

Schadbild: Im zeitigen Frühjahr, manchmal schon im Herbst, auf unteren Blättern ovale, gelbgrüne bis wässriggraugrüne Flecke. Später streifige Nekrosen, von Blattadern begrenzt. Darin auf beiden Blattseiten reihig angeordnete schwarze Pyknidien, die bei Befeuchten weißen Sporenschleim entlassen. Diese Fruchtkörper im Durchlicht braun bis schwarz mit heller Öffnung. Erste Pyknidien schon in vergilbendem Pflanzengewebe. Schließlich Absterben und Vertrocknen der Blätter von der Spitze her (Blattdürre). Ährenbefall selten. Auftreten von *S. tritici* oft gleichzeitig mit *S. nodorum*, sichere Unterscheidung dann anhand der Pyknidien. – Blattdürre auch durch *Drechslera tritici-repentis*.

Biologie: Ausgehend von befallenen Strohresten an der Bodenoberfläche, insbesondere noch stehenden Getreidestoppeln, auf denen sich im Spätsommer bei Niederschlägen die Hauptfruchtform mit Askosporen bildet. Infektion früh gesäter Weizensaaten ab Anfang Oktober durch diese windbürtigen Sporen. Bei Weizen nach Weizenvorfrucht Infektion auch durch Pyknosporen von Ernterückständen her. Weitere Ausbreitung im Bestand nur durch die regenspritzerverbreiteten Pyknosporen.

S. tritici im Gegensatz zu *S. nodorum* auch bei niedrigen Temperaturen aggressiv. Erste Infektionen bei Tagesminimumtemperaturen ab 4 °C, günstige Temperaturen ab 10 °C; Entwicklungsoptimum bei 20–25 °C. Generationsdauer (= Beginn der Infektion bis Erscheinen erster Pyknidien) bei 5 °C 40 Tage, bei 10 °C 21 Tage und bei 15 °C 17 Tage. Selbst bei hohen Temperaturen für eine Infektion mindestens 20 Std. Blattnässe erforderlich, bei 12 °C sogar über 50 Std. Lang anhaltende Nässeperioden begünstigen also *S.-tritici*-Epidemien. Ausbreitung bereits bei milder Winterwitterung beginnend, in wärmerer Jahreszeit häufig gebremst. Weitere Wirtspflanzen Triticale, Roggen, gelegentlich einige Gräser.

Bekämpfung: Großräumig Ernterückstände und auflaufendes Ausfallgetreide sorgfältig beseitigen. W'Weizen nicht zu früh säen, Wahl wenig anfälliger Sorten, verhaltene N-Düngung und Vorsicht bei der Halmverkürzung. Bekämpfung ab Ende des Schoss-Stadiums gezielt-kurativ, wenn erster Befall in mittleren Blattetagen und niederschlagsreiche Witterung weitere Infektionsschübe anzeigen. Gut kurativ wirksame Azolfungizide stoppen *S.-tritici*-Infektionen noch 10-14 Tage nach ersten infektionsauslösenden Niederschlägen.

Blattsymptome in Nässeperiode

Blattbefall bei Trockenheit

Pyknidien im Auflicht

Bestandsbild

13.1 Ramularia-Blattflecken

Ramularia collo-cygni

Bedeutung: Wenig beachteter Blattfleckenerreger der Gerste, auf übrigen Getreidearten wohl nur Schwächeparasit kurz vor der Reife. Vorkommen in Süddeutschland und Österreich, auch in Nordwesteuropa in niederschlagsreichen Regionen und Jahren.

Schadbild: Gleichmäßig über Blattspreite verteilt dunkelbraune Flecke, bis 2 mm lang und 1 mm breit, häufig durch Blattadern begrenzt, meist mit gelbem Hof; später auch auf Blattscheiden und Grannen. Nach Absterben des Blattgewebes insbesondere auf Blattunterseite weiße büschelige Konidienträger (Pünktchen bei 20-facher, Büschel bei 50-facher Vergrößerung). – Mit Symptomen des Netzfleckenerregers (Spot-Typ) und jenen der nichtparasitär bedingten Blattverbräunung zu verwechseln.

Biologie: Erste Infektionen von überwinterter Quecke und anderen Grasnebenwirten ausgehend; Vermehrung zuerst in alterndem Blattgewebe, bei Gerste schließlich erste Blattflecke ab Grannenspitzen; große Sortenunterschiede; Voraussetzung feuchte Witterung.

Bekämpfung: In Hauptbefallslagen Sortenunterschiede nutzen; Triazol-Fungizide sind wirksam.

13.2 Nichtparasitär bedingte Blattverbräunung

Bedeutung: Möglich bei allen Getreidearten; bei Gerste die stärksten Schäden vor allem in Süddeutschland. Auf einzelnen Standorten hohe Ertragsschäden; deutliche Sortenunterschiede.

Schadbild: Etwa ab dem Ährenschieben auf den der Sonne zugewandten Blattteilen der mittleren Blattetagen Punktchlorosen, die schnell nekrotisieren und sich zu Flächennekrosen ausbreiten, »Sonnnenbrand«-Symptome. Verbräunungen bis zu Fahnenblatt, Blattscheiden und Grannen sich ausdehnend; vorzeitige Abreife der Gerste. Sorten- und standortabhängig auch Bildung nur unspezifischer Blattflecke (z. B. bei Sorte Marinka). – Verwechslung mit *Ramularia collo-cygni*-Blattflecken oder Mehltau-Abwehrnekrosen möglich.

Ursache: Kein primärer Schaderreger nachzuweisen; vielmehr Stress durch hohe Strahlungsintensität mit Hitze und Trockenheit im Mai und Juni. Mangel an Haupt- oder Spurenelementen (z. B. Magnesium oder Zink) die Stresssymptome verstärkend.

Vorbeuge: Wichtigste Maßnahme die Wahl weniger empfindlicher W'Gersten- (Gunda, Jolante; Elfe, Venus) und S'Gerstensorten (Hanka, Steffi). Strobilurin- oder Triazolfungizide, zu Beginn einer Hochstrahlungsperiode ausgebracht, verzögern die Blattverbräunung.

Ramularia-Blattflecken

weiße *Ramularia*-Sporenträgerbüschel

»Sonnenbrand-Symptome« an Gerste

»Marinka-Blattflecken«

14.1 Weizensteinbrand

Tilletia caries

Bedeutung: Vor Einführung der Saatgutbeizung wichtigste Weizenkrankheit; heute nur in Betrieben mit mehrjährigem Saatgutnachbau und Unterlassen der Beizung. In Vermehrungsbeständen (Z-Saatgut) sind maximal 5 befallene Pflanzen je 150 m^2 zulässig.

Schadbild: Vor Ährenschieben keine deutlichen Symptome; dann Spelzen gespreizt, statt der Körner Brandbutten mit anfangs schmierig-braunem, später pulvrig-hartem Inhalt und Fischgeruch. Halme befallener Pflanzen z. T. wenig verkürzt. – Brandbutten und starke Halmverkürzung gleichfalls bei Zwergsteinbrandbefall.

Biologie: In Butten Sporenmassen des Erregers, trocken jahrzehntelang lebensfähig; nach Dreschen äußerlich am Saatgut haftend. Sporenkeimung nach Aussaat, Infektion des Keimlings bis 20 mm Größe, Ausbreitung des Erregers bis zum Vegetationspunkt der Wirtspflanze; also Saatgutkontamination und Keimlingsinfektion. Günstigste Infektionsbedingungen bei 5-10 °C sowie auf Lehm- bei geringer, Sand- bei mittlerer und Moorboden bei hoher Feuchtigkeit.

Bekämpfung: Saatgut aus befallsfreien Beständen, keine zu tiefe Samenablage; regelmäßige sorgfältige Saatgutbeizung mit Präparaten für Weizen.

14.2 Zwergsteinbrand

Tilletia controversa

Bedeutung: Selten auf einzelnen Feldern in Süddeutschland Befall bei W'Weizen, früher auch bei W'Roggen. Zwergsteinbrand wird gelegentlich in Betrieben des ökologischen Landbaus gefunden. Schon bei 1 % Sporenanteil im Futter Entwicklungshemmung von Versuchstieren. In Vermehrungsbeständen maximal 1 befallene Pflanze je 150 m^2 zulässig.

Schadbild: Ähren mit Brandbutten wie bei Steinbrand, zusätzlich starke Halmverkürzung (auf $^1/_3$ bis $^2/_3$ normaler Höhe) und erhöhte Bestockung; u. U. nur ein Teil der Nebentriebe einer Pflanze befallen. – Halmverkürzung auch nach Befall durch Gelbe Weizenhalmfliege.

Biologie: Brandsporen jahrelang im Boden überdauernd. Sporenkeimung nach 3-15 Wochen unter Lichteinwirkung (an Bodenoberfläche) bei 0-12 °C und Feuchtigkeit, günstig lange Schneedecke auf ungefrorenem Boden; Infektion des Keimlings oder der Knospen für Bestockungstriebe.

Bekämpfung: W'Weizenanteil nicht über 20 %, ersatzweise Anbau von S'Weizen. Saatgut nur aus gesunden Beständen, keine frühe Herbstsaat des Weizens, Beizung mit speziellem Zwergsteinbrand-Präparat.

Stein- oder Zwergsteinbrand: Ährenbefall

Brandbutten (unten) in Weizen

stark verseuchtes Erntegut

Bestandsbild Zwergsteinbrand

15.1 Weizen- und Gerstenflugbrand

Ustilago nuda

Bedeutung: Vor regelmäßigem Saatgutzukauf und Beizung mit flugbrandwirksamen Präparaten wichtige Krankheiten, bei Gerste häufiger als bei Weizen. In Saatgutvermehrungsbeständen max. 5 befallene Pflanzen auf 150 m^2 zulässig.

Schadbild: Statt der Kornanlagen und Spelzen schwarz-braunes Sporenpulver, anfangs von silbrig-weißem Häutchen umgeben; nach Ausstäuben leere Ährenspindel. Selten nur teilweise erkrankte Ähren. Befallene Pflanzen z. T. im Wuchs gehemmt, in einzelnen Beständen vor dem Ährenschieben Fahnenblattspitzen gelb verfärbt.

Biologie: An Weizen bzw. Gerste angepaßte Erregerformen. Angewehte Brandsporen auf Narben der Getreideblüten auswachsend und den Embryo infizierend (Blüten-Embryo-Infektion). Befallsbegünstigend offenes Abblühen (Sortenunterschiede, nach Erfrieren der Staubgefäße, bei Hybridweizen), feuchte Witterung, ca. 20 °C; infiziertes Saatgut ohne klare Symptome. Bei warmem Boden während Saatgutkeimung Erreger zum Vegetationskegel sich ausbreitend, dort mit der Wirtspflanze hochwachsend.

Bekämpfung: Sortenunterschiede in der Anfälligkeit. Saatgut nur aus befallsfreien Beständen oder Beizung mit Mitteln gegen Flugbrand; kleine Korngrößen absieben; keine extrem frühe Saat der Winterungen, jedoch frühe Aussaat der Sommerungen.

15.2 Haferflugbrand

Ustilago avenae

Bedeutung: Ehemals wichtige Haferkrankheit, in Vermehrungsbeständen max. 5 befallene Pflanzen auf 150 m^2.

Schadbild: In den Ährchen der Haferrispe schwarz-braunes Sporenpulver, das ausstäubt; Teilbefall der Rispe mit Erkrankung nur der unteren Blüten häufig; Pflanzen u. U. verkürzt.

Biologie: Durch Brandsporen Besiedlung der Kornanlagen während der Blüte, günstig ca. 15 °C und Feuchtigkeit. Erreger als ungekeimte Spore oder Pilzfaden an Korn und Spelzen. Nach Aussaat Infektion des Keimlings (Blüten-Keimlings-Infektion), günstig hohe Bodentemperaturen und geringe Bodenfeuchte. Wirtspflanzen sind Kultur- und Flughafer.

Bekämpfung: Sortenunterschiede in Anfälligkeit; Saatgut nur aus befallsfreien Beständen, Saatgutbeizung; frühe Aussaat, flache Saatkornablage.

Gerstenflugbrand

leere Ährenspindel von Gerste

Weizenflugbrand

Haferflugbrand

16 Gelbmosaikviren der Wintergerste

Gerstengelbmosaikvirus *(barley yellow mosaic virus, BaYMV)*
Mildes Gerstenmosaikvirus *(barley mild mosaic virus, BaMMV)*

Bedeutung: Gefährlichste Viruskrankheit der W'Gerste, Ertragseinbußen bis 80 %; in der BRD mehr als die Hälfte der Getreideanbaufläche verseucht. Die meisten Sorten sind hoch anfällig.

Schadbild: Im zeitigen Frühjahr auf Gerstenschlägen nesterartig bis großflächig Vergilbungen, die sich bei jedem Gerstenanbau ausweiten. – Gelbfärbung weniger intensiv als bei Bodenverdichtung, Staunässe, Nährstoffmangel, Befall mit *Typhula*- oder Schneeschimmel-Fäule. – Virusbefallene Pflanzen fahlgrün bis gelblich; einzig typische Befallszeichen strichelförmige Aufhellungen parallel zu den Blattadern auf den jüngsten, noch nicht voll entfalteten Blättern. Erkrankte Blätter vom Rand her leicht gerollt, steil aufrecht stehend. Auf älteren Blättern Strichel und Flecke vergrößert, von Blattspitze zur Blattbasis fortschreitende Vergilbung, bei einzelnen Sorten nekrotische Flecke. Schließlich Absterben dieser Blätter. Kranke Pflanzen schlechter als gesunde entwickelt, geringer bestockt, mit verkürzten Halmen, z. T. vorzeitig absterbend oder zumindest ohne Ähren. Befallene Pflanzen auch empfindlicher gegen Frosttemperaturen (erhöhte Auswinterung, ohne daß vorher die typischen Befallssymptome erkennbar waren), »harte« Herbizidmaßnahmen und andere Belastungsfaktoren. Ab Einsetzen warmer, wüchsiger Witterung Wiederergrünen und normale Weiterentwicklung der Pflanzen.

Biologie: Gelbmosaikviren durch Bodenpilz *Polymyxa graminis* im Herbst bei genügend Bodenfeuchte (bevorzugt auf schweren Böden) auf Gerstenwurzeln übertragen, in Dauersporen des Pilzes Virus mehr als 20 Jahre lebensfähig; Verbreitung durch Bodenbearbeitung, an Ackergeräten und durch Verwehen von Bodenteilchen auch über größere Entfernungen. Bei früher W'Gerstensaat und langem mildem Herbst lange Infektionsmöglichkeit. Außer W'Gerste keine Wirtspflanzen. Virusvermehrung und Ausbildung der Symptome erst nach dem winterlichen Kälteschock in engem Temperaturbereich von etwa 7-14 °C (Sortenunterschiede!). Bei lang anhaltend kühler Frühjahrswitterung daher deutliche Symptome auf vielen Blattetagen, nach Erwärmung Neuzuwachs symptomfrei; Ausmaß der Schäden also je nach Temperaturverhältnissen im Frühjahr sehr unterschiedlich.

Bekämpfung: Durch übliche Fruchtfolgemaßnahmen keine Befallsminderung. Keine Verschleppung von Ackererde aus verseuchten Flächen, keine extrem frühe W'Gerstensaat. In Befallsgebieten Anbau von widerstandsfähigen W'Gerstensorten oder Ersatz durch S'Gerste. Stressfaktoren für erkrankte Bestände vermeiden. – Seit 1988 ein weiterer Virustyp (BaYMV2) bekannt, für den nur die Sorte Tokyo nicht anfällig ist.

Strichelsymptome auf jüngsten Blättern

Blattnekrosen

Bestandsbild im Frühjahr

17.1 Viröse Gelbverzwergung der Gerste

(barley yellow dwarf virus, BYDV)

Bedeutung: Bei Gerste, Weizen, Hafer. Wachsende Bedeutung v. a. bei W'Gerste, Ertragsverluste bis 80 %.

Schadbild: Ab 2-3 Wochen nach Infektion im Herbst oder Frühjahr Vergilben (bei Hafer Rotfärbung) der älteren Blätter, zunächst an Blatträndern und -spitzen. – Ähnliche Erscheinungen durch stauende Nässe, Trockenheit, Kälteeinwirkung oder Nährstoffmangel. – Befallene Pflanzen gestaucht, verzweigt; Gerste verstärkt bestockt, Blätter schmaler, steif abstehend und gerollt; kümmerliche Entwicklung oder Absterben der Pflanzen. Nach Spätinfektion nur Fahnenblatt verfärbt: Gerste gelb, Weizen bronzerot, Hafer violettrot. Ähren aufrecht, schmal, vorzeitig abgereift, mit Kümmerkorn oder flissig. An Roggen Schadbild undeutlich. Krankheit anfangs nesterweise, besonders in windgeschützten Lagen, lückigen Beständen und an Feldrändern.

Biologie: Im Herbst Infektionsquellen befallenes Ausfallgetreide, benachbartes Grünland, Grasränder und Mais, im Frühjahr auch befallenes W'Getreide. Übertragung durch Getreideblattläuse. Blattlaus nach einstündigem Saugen an kranken Pflanzen lebenslang infektiös. Verbreitung im Herbst und Frühjahr durch geflügelte Läuse über größere Entfernungen, durch ungeflügelte von Pflanze zu Pflanze. Blattlausvermehrung durch langen Herbst begünstigt.

Bekämpfung: Vernichten des aufgelaufenen Ausfallgetreides, Abmähen benachbarter Grasraine im Herbst. Keine extrem frühen Herbst-, dagegen zeitige Frühjahrssaaten; gleichmäßig dichte Bestände. – Im Herbst bei hohem Virusspiegel und Blattlausvermehrung an W'Getreide Pyrethroidinsektizide, im Frühjahr nützlingsschonende Präparate. Auf teilgeschädigte Bestände rechtzeitig zusätzliche N-Düngung.

17.2 Verzwergungsvirus des Weizens

(wheat dwarf virus, WDV)

Bedeutung: Durch WDV Pflanzen stärker geschädigt als durch BYDV. Alle Getreidearten anfällig; vor allem früh gesäte Winterungen infiziert. In allen östlichen und südlichen Bundesländern auftretend.

Schadbild: Zwergwuchs und starke Bestockung wie bei BYDV-Befall; bei Weizen durch WDV Gelb- statt Rotfärbung der Blätter.

Biologie: Befallsquellen ausdauernde Gräser am Feldrand und Ausfallgetreide der Vorfrucht. Virus persistent übertragen durch Herbst- und Frühjahrsgeneration der Zikade *Psammotettix alienus* (80 Tage infektiös).

Bekämpfung: Frühe Saat von Wintergetreide vermeiden. Bisher keine Erfolge durch Insektizideinsatz.

BYDV-Herbstinfektion an Wintergerste

Spätinfektion an Weizen

Überträger des WDV, die Zikade *Psammotettix alienus,* ca. 4 mm lang

18 Getreidezystenälchen

Heterodera avenae

Bedeutung: Hoher Anteil der Ackerfläche verseucht. Hauptschadensgebiete des Getreidenematoden feuchtkühle Klimaräume mit leichten und mittleren Böden. Besonders bei S'Getreide in Einzeljahren Ertragsverluste bis 50 % und mehr möglich. Durch Ausweitung des Getreideanbaus bei gleichzeitigem Rückgang der Hackfrucht- und Futterpflanzenflächen Bedeutung zunehmend.

Schadbild: Anfangsschaden meist nicht bemerkt, bei besonders günstigen Vermehrungsbedingungen Getreide dann schlecht bestockt, dünn stehend und niedrig, mit Blattverfärbungen, später Kümmerähren oder -rispen; Befall anfangs nesterweise, dann großflächig; Befallsflächen stark verunkrautet. – Ähnliche Schadbilder nach Nährstoffmangel, Bodenverdichtung, Staunässe, Trockenheit, Virusbefall. – Bei Nematodenbefall starke Seitenwurzelbildung, ab Mitte Juni an Wurzeln weiße zitronenförmige Zysten von 1 mm Größe, später dunkelbraun, schließlich von Wurzeln abfallend.

Biologie: In Zysten ca. 300 Eier; Schlupf der fadenförmigen Larven über mehrere Jahre verteilt, besonders im April/Mai. Larven zum Saugen bevorzugt in Wurzelspitzen der Wirtspflanze einwandernd; günstig feucht-kühle Witterung bei und nach Auflaufen des Getreides. Im Juni befruchtete Weibchen zu stecknadelkopfgroßen Zysten anschwellend und Wurzelhaut aufreißend; Schädling also nur eine Generation pro Jahr. Bei einjähriger Anbaupause für Wirtspflanzen Verminderung der Nematodenzahl um 60-85 %. Mehrere Pathotypen (Rassen) des Getreidezystenälchens mit unterschiedlichem Verhalten gegenüber Getreidesorten. Geschädigt in abnehmender Reihenfolge Hafer, S'Weizen, S'Gerste, W'Gerste, W'Weizen, W'Roggen. Starker Befall auch an Flughafer, geringerer an den meisten Gräsern. Mais u. U. stark geschädigt, jedoch kaum mit neuen Zysten. Höherer Schaden bei schlechtem Ausgleichsvermögen der Wirtspflanze (z. B. Nährstoffmangel, Trockenheit, zusätzliche Krankheiten, Unkrautkonkurrenz).

Bekämpfung: Zur Nematodenfrüherkennung Durchführung von Bodenuntersuchungen. Wahl resistenter oder teilresistenter S'Getreidesorten. Auf Befallsflächen Anbau der empfindlichsten S'Getreidearten nur alle 5-6 Jahre, Hafer zu Anfang einer Getreidefolge mit höherem Anteil von W'Getreide, Mais und breitblättrigen Kulturen in der Fruchtfolge. S'Getreide, auch nematodenresistente Sorten, sowie Mais möglichst frühzeitig aussäen, Boden gut abgesetzt, mit guter N-Versorgung. Bekämpfung von Flughafer und allen anderen Ungräsern in allen Fruchtfolgegliedern. Bei geschädigten Beständen Zusatzstickstoffdüngung mit schnell wirkender N-Form.

Bestandsbild: Schaden durch das Getreidezystenälchen

befallene Wurzeln

Zysten an Wurzeln

19 Fritfliege

Oscinella frit

Bedeutung: Bei Nichtbeachten der Saatzeitenregel z. T. hohe Pflanzenausfälle bei allen Getreidearten; insbesondere bei W'Gerste durch Vorverlegung des Aussaattermins Gefahr verschärft. In Einzeljahren beträchtliche Schäden auch an Mais und zahlreichen Kulturgräsern.

Schadbild: Besonders in spät gesätem S'Getreide und früh gedrilltem W'Getreide Vergilben der Herztriebe. Hüllblätter zunächst noch grün – im Gegensatz zur Schadwirkung des Drahtwurms. Die Herzblätter mit Fäulnis am Grunde, leicht herauszuziehen; an der Triebbasis u. U. glasig-weiße, höchstens 4-5 mm große Larve, fußlos und ohne Kopfkapsel, mit schwarzen Mundhaken und zwei kleinen Ausstülpungen am Hinterende. Ganze Pflanzen oder Einzeltriebe absterbend, bei bereits bestocktem Hafer vermehrte Seitentriebbildung. – Herzblattvergilbung im Frühjahr auch durch Brachfliegenbefall. – Im Frühsommer vor allem an Hafer und Gerste einzelne Kornanlagen zerstört, u. U. mit Maden oder Puppen, »Fritkörner«, partielle Taubährigkeit; bei Hafer durch Larvenfraß am Halm in oberster Blattscheide auch Krüppelwuchs oder Flissigkeit. – Weißährigkeit auch durch *Fusarium*-Befall; Flissigkeit des Hafers auch durch Wasser- oder Nährstoffmangel beim Ährenschieben. – Fritfliege selbst 2-3 mm lang, glänzend schwarz mit roten Augen, unschädlich.

Biologie: Ausgewachsene Larve zwischen Blattscheiden geschädigter Triebe von Gräsern und früh gesätem W'Getreide überwinternd. Nach Verpuppung im April und Mai Flug der ersten, im Juni/Juli der zweiten, August bis Anfang Oktober der dritten Fliegengeneration. Ablage von 40-70 Eiern je Weibchen einzeln an Keim- und Blattscheiden junger Pflanzen von Getreide, Mais, Kultur- und Wildgräsern, bevorzugt im 1- bis 2-Blatt-Stadium bzw. an Samenanlagen von Gerste und Hafer. Fraß der Maden abwärts zum Herztrieb bzw. in milchreifen Samen, keine Wanderung zu benachbarten Trieben oder Pflanzen; Verpuppung stets am Fraßort in der Pflanze. Massenauftreten nach überwiegend trocken-warmem Witterungsverlauf; Frostperioden mit wenig Schnee vermindern die Zahl der überwinternden Larven.

Bekämpfung: Sorgfältige Bekämpfung der Quecken, Vernichtung des aufgelaufenen Ausfallgetreides. Frühe Saat des S'Getreides, hingegen keine zu zeitige Aussaat des W'Getreides. Zur Zeit keine Insektizide zur Saatgutbehandlung gegen Fritfliege zugelassen. Förderung der Jugendentwicklung des Getreides, auf geschädigten Saaten zusätzliche N-Düngung. Gegen zweite Generation an Rispen und Ähren derzeit keine direkten Maßnahmen möglich.

Gelbherzigkeitssymptom

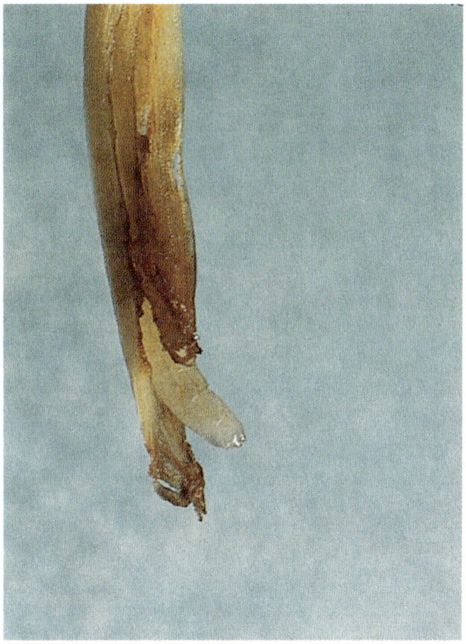

Larve an Triebbasis

Puppe an befallener Kornanlage

Fritkörner mit geschlüpften Fliegen

20.1 Brachfliege

Delia coarctata

Bedeutung: Gebietsweise in Einzeljahren große Schäden an W'Weizen.

Schadbild: Im Februar bis April reihenweise Vergilben der Herztriebe von W'Weizen und W'Roggen; bei S'Getreide (außer Hafer) auch Keimlinge vor Auflaufen zerstört. An einzelnen Trieben bis 8 mm große weißliche Larven mit 6 Fortsätzen am Hinterleib. – Gelbherzigkeit auch durch Fritfliege.

Biologie: Schlupf der 7 mm großen Fliegen im Mai/Juni. Im Juli/August Ablage von ca. 50 Eiern einzeln in lockere Böden, besonders auf Brach- und Hackfruchtflächen. Überwintern der Junglarven in Eihülle, dann Einbohren in Wirtspflanzen; je Larve mehrere Triebe vernichtet. Wirtspflanzen auch Gräser. Regenreiche Witterung nach Fliegenschlupf und Trockenheit nach der Eiablage mindern das Befallsrisiko.

Bekämpfung: Rückverfestigung der Ackerkrume nach dem Pflügen. Keine zu späte Saat der Winterungen. In Befallslagen vorbeugend Saatgutbehandlung mit speziell gegen Brachfliege zugelassenem Insektizid. Nach Umbruch tiefes Pflügen und Saatgutbehandlung des nachfolgenden S'Getreides außer Hafer. Auf teilgeschädigten Saaten Ausgleichsdüngung.

20.2 Gelbe Weizenhalmfliege

Chlorops pumilionis

Bedeutung: Regional und jahrgangsweise bei S'Getreide (außer Hafer) und W'Weizen.

Schadbild: Im Juni/Juli Steckenbleiben der Ähren; Verdrehen des oberen Halmteils; von Ährenbasis zu oberstem Halmknoten Fraßrinne mit gelblichweißer Larve, bis 6 mm lang, oder 4 mm großer Puppe; Ähren taub oder mit Schmachtkorn. Bei früh gesäter Winterung verdickte Triebe, Absterben des Herzblattes, Schaden unbedeutend. – Bei W'Weizen Halmverkürzung mit Brandbutten statt der Kornanlagen auch durch Zwergsteinbrand.

Biologie: Fliegen der Sommergeneration im Mai/Juni schlüpfend, 4 mm lang, gelb mit schwarzen Streifen; Ablage von 100-150 Eiern je Weibchen einzeln an junge Gersten- und Weizenpflanzen, Larvenfraß am Halm. Zweite Generation auf Ausfallgetreide, Quecken und W'Getreide-Frühsaaten.

Bekämpfung: Frühe Saat der Sommerungen, früh schossende Sorten, keine übermäßigen Gaben von Stickstoff und Wachstumsreglern. In Befallslagen gegen Fliegen und Eier Kontaktinsektizide, besonders am Feldrand; Termin nach örtlicher Erfahrung.

Brachfliegenlarve an Triebbasis

Brachfliege (Weibchen)

Halmfliege mit Ei

Halmfliegenpuppen am Schadort

21 Sattelmücke

Haplodiplosis equestris

Bedeutung: In Gebieten mit hoher Luft- und Bodenfeuchte, vor allem auf schweren, wasserhaltenden Böden, und zwar bei engen Getreidefolgen bzw. kleinen Feldgrößen. Bei starkem Auftreten schon während des Schossens besonders hohe Ertragsschäden.

Schadbild: Wuchshemmung, Anschwellen der Blattscheiden und Steckenbleiben der Ähren. In sattelförmigen Vertiefungen am Halm Saugen anfangs glasig-weißer, später ziegelroter, bis 5 mm großer Larven. Bei feuchter Witterung sekundär Pilzfäulen an befallenen Halmabschnitten, die bei Belastung, z. B. durch Regen, leicht umbrechen. Ausbildung von Schmachtkorn.

Biologie: Überwinterung der Larven im Boden bis in Pflugtiefe; im Frühjahr ab 12 °C Bodentemperatur Wanderung unmittelbar unter die Bodenoberfläche zur Verpuppung. Ab Mitte Mai – bei Erwärmung der obersten Bodenschicht auf 18 °C – Schlupf der 4-5 mm großen, rotgefärbten Mücken, bei kühlen und/oder trockenen Bedingungen verzettelt bis Anfang Juli. Weibchen flugträge, jedoch u. U. vom Wind verdriftet; legt in wenigen Tagen bis zu 200 rostrote Eier in Eiketten parallel zu den Blattrippen, bevorzugt an den beiden obersten Blättern. Nach 6-10 Tagen Schlupf der zunächst glasig-weißen Larven, die blattabwärts in die Blattscheiden kriechen; nach etwa dreiwöchiger Schadensphase Abwanderung in den Boden. Also jährlich nur eine Sattelmückengeneration, bei ungünstigen Bedingungen Überlagerung der Larven im Boden um ein Jahr. Gefährdet S'Gerste, S'Weizen, S'Roggen und W'Weizen; weitere Wirtspflanzen Nutz- und Schadgräser, vor allem Quecke. – Bei Hitzeperiode Eigelege z. T. vertrocknend; wichtige biologische Gegenspieler Schlupfwespen in den Larven.

Bekämpfung: Frühreifende W'Getreidearten bevorzugen. Bei hoher Befallserwartung Weizen- und S'Gerstenanbau nur nach 1-2 Nichtgetreidevorfrüchten oder wenig anfälligen Getreidearten. Frühe S'Getreidesaat; Vorsicht mit Halmverkürzung; sorgfältige Queckenbekämpfung. – Spritzung mit speziell zugelassenen Kontaktinsektiziden nur gegen Eier und schlüpfende Larven 6-8 Tage nach Flughöhepunkt (Weißschalenkontrolle!) oder wenige Tage nach Beginn der Haupteiablage (Lupenkontrolle auf oberen Blättern, zur Terminbestimmung auch an Quecken auf vorjährigen Befallsflächen). Erste Terminhinweise durch Verpuppung in Vorjahrsbefallsflächen. Bekämpfungsschwellenwert: 20-30 % der Halme mit Eigelegen besetzt und genügend hohe Luftfeuchte. Bei anhaltendem Mückenflug und Eiablage Wiederholung der Spritzung; bereits in die Blattscheide eingedrungene Larven werden nicht erfasst. Bei Zuflug der Mücken aus Nachbarflächen oft Randbehandlung ausreichend.

Puppen auf Bodenoberfläche

Mücke vor Eiablage

Eigelege

Larven verschiedenen Alters

22.1 Minierfliegen an Gerste

Hydrelia griseola, Agromyza spp.

Bedeutung: Auftreten örtlich und jahrgangsweise begrenzt, nur in Ausnahmefällen bei Sommergerste von wirtschaftlicher Bedeutung.

Schadbild: Im Frühsommer auf oberen Blattspreiten anfangs längliche, später flächige silbrig-durchscheinende Blattminen. Zwischen Blattober- und -unterhaut Fraß weißer, bis 5 mm großer fußloser Larven und Kot, Vertrocknen ganzer Blattetagen.

Biologie: Überwinterung im Puppenstadium, Schlupf der ca. 3 mm großen, grauen oder schwarzen Fliegen im Mai. Nach ca. 14 Tagen kleine Fraßrinnen parallel zu Blattnerven; Ablage von 20-30 Eiern einzeln in kleine Grübchen unter Blattoberhaut, Larvenentwicklung 20-25 Tage, Verpuppung meist im Boden. Eine 2. und selten 3. Generation hauptsächlich auf Wildgräsern.

Bekämpfung: Gute Düngung befallener Bestände. Nur in Ausnahmefällen Anwendung von Insektiziden mit Tiefenwirkung bei Sichtbarwerden erster Gangminen, Bekämpfungsschwelle: ca. 10 Eier oder Junglarven je Halm.

22.2 Blaues und Rothalsiges Getreidehähnchen

Oulema gallaeciana, O. melanopus

Bedeutung: In Mitteleuropa bisher nur in Ausnahmefällen Massenauftreten.

Schadbild: Ab Mai streifenförmige Löcher zwischen Blattnerven durch Fraß der Käfer, 4-5 mm groß, metallisch blau mit Punktreihen auf Flügeldecken, oder 5-6 mm groß, blau, Halsschild und Beine jedoch rötlich. Später großflächiger Fensterfraß auf Blattoberseiten durch Larven beider Arten, bis 5 mm groß, gelblich mit brauner Kopfkapsel und kurzen Beinen, meist mit schleimiger Kothülle.

Biologie: Überwintern der Käfer an Waldrändern und Hecken; Zuflug April/Mai; nach Reifungsfraß von Weibchen 50-150 Eier auf Blattoberseiten von Weizen, seltener Gerste, durch Rothalsiges Hähnchen bevorzugt von Hafer, abgelegt. 2-3 Wochen Larvenfraß, dann Verpuppung in Schaumkokon an Wirtspflanze bzw. im Boden. Ab Ende Juli/August Jungkäfer kuzzeitig an Wildgräsern. Schädling durch warme, trockene Witterung begünstigt.

Bekämpfung: Schwellenwerte: Weizen und Gerste 0,5-1,0, Hafer 0,75-1,0 Eier und Junglarven je Fahnenblatt (Gerste je Halm); Insektizide mit Zulassung für Getreide und spezieller Käferwirkung.

Blattminen der Gerstenminierfliege

Minierfliegen-Bestandsbild

Rothalsiges Getreidehähnchen

Hähnchenlarve mit Fraßbild

23.1 Getreidewickler und Ährenwickler

Cnephasia pumicana, C. longana

Bedeutung: In der Bundesrepublik erstmals 1977 beobachtet. Anfang der 80er Jahre im Südwesten Schäden bis 20 %, heute von geringer Bedeutung.

Schadbild: Ab Ende April Minierfraß anfangs 0,5-1 mm großer Raupen, dann Schabe- und Lochfraß an Blättern, Ähren und Halm, Blätter oft versponnen; Raupen schließlich bis 15 mm lang, grau gefärbt. Steckenbleiben und Umbrechen der Ähren, partielle Weißährigkeit oder Schartigkeit.

Biologie: Mitte Juni bis August nachts Flug der 8-10 mm langen, grauen bzw. bräunlich-gelben Falter; Ablage von 80-130 Eiern an Feldgehölzen; Eiraupen überwintern in Rindenritzen. Im April ab 13 °C Verdriften der Jungraupen an Gespinstfäden durch Wind, Larvenfraß und schließlich Verpuppung an allen Getreidearten; durch trocken-warme Witterung begünstigt.

Bekämpfung: Wenn Verdriften der Jungraupen abgeschlossen bzw. an Getreide erster Lochfraß entsteht; vorläufiger Bekämpfungsschwellenwert: 2 Blattminen auf 3 Pflanzen; oft Randbehandlung ausreichend.

23.2 Gelbe und Orangerote Weizengallmücke

Contarinia tritici, Sitodiplosis mosellana

Bedeutung: Auftreten regional und jahrgangsweise an Weizen bedeutsam.

Schadbild: Einzelne Kornanlagen zerstört oder teilgeschädigt durch bis zu 2,5 mm große gelbe bzw. orangerote Larven.

Biologie: Überwinterung der Larven im Boden im Kokon, bei genügend Feuchte im Mai Verpuppung nahe Erdoberfläche, sonst Überliegen um ein weiteres Jahr. Schlupf der 2,5 mm großen Mücken im Juni/Juli, Flug nur über kurze Entfernung, Lebensdauer oft nur 1 Tag. Erfolgreiches Belegen der Blütchen durch Gelbe Mücke mit je 5-8 Eiern nur an seitlich aus Blattscheiden heraustretenden Ähren, durch Orangerote Mücke mit einzeln abgesetzten Eiern nur kurz vor der Blüte i. d. R. abends bei Windstille, insgesamt 30-40 Eier je Weibchen. Saugen der Larven 3-4 Wochen, dann bei Regen Abwanderung in den Boden. Wirtspflanzen: Weizen, seltener Roggen, Gerste und Quecke.

Bekämpfung: Bekämpfungsschwelle: Zu Beginn des Ährenschiebens mindestens 1 Gelbe Mücke je Ähre bzw. zu Ende des Ährenschiebens 1 Orangerote Mücke auf 2 Ähren, Kontrolle abends; dann Insektizidspritzung gegen eierlegende Mücken, u. U. nur am Feldrand.

Minierfraß von Wicklerlarven

Wicklerlarve an Ähre

Gelbe Gallmücken bei Eiablage

Larven der Gelben Gallmücke

24 Getreideblattläuse

Große Getreideblattlaus: *Macrosiphum (Sitobion) avenae*
Haferblattlaus: *Rhopalosiphum padi*
Bleiche Getreideblattlaus: *Metopolophium dirhodum*

Bedeutung: In einzelnen Jahren Massenvermehrung; durch hohe, späte N-Gaben, längere Blattgesundheit nach Fungizidanwendung sowie Ausschaltung der Nützlinge gefördert. Schädigung der Kornausbildung durch Saftentzug an Blättern und Ähren/Rispen sowie durch Schwärzepilzansiedlung auf Honigtauausscheidungen; außerdem Gelbverzwergungsvirus durch Blattläuse übertragen.

Schadbild: Große Getreideblattlaus: 1,9–3,3 mm lang, Körper länglich, grün bis rötlich gefärbt, mit schwarzen Hinterleibsröhrchen und fast körperlangen Fühlern. Ansiedlung zuerst auf Fahnenblättern, dann vorzugsweise Blütenständen.
Haferblattlaus: Körper oval, grünlich mit rötlichem Querband um die kurzen, rostroten Hinterleibsröhrchen, Fühler 1/2 Körperlänge. An Blattspreiten, auch in Blattscheiden und auf Ähren.
Bleiche Getreideblattlaus: Körper länglich, bleich-grünliche Grundfärbung, auf Rücken grüner Mittelstreifen, Hinterleibsröhrchen blass, Fühler 3/4 Körperlänge. Vorzugsweise an Blattunterseiten.

Biologie: Überwinterung im Eistadium an Gräsern (Große Getreideblattlaus), Traubenkirsche (Haferblattlaus) bzw. Wild- und Gartenrosen (Bleiche Getreideblattlaus), nur in wintermilden Gebieten auch als Sommerform. Während der gesamten Vegetationszeit lebendgebärend. Nach zwei bis drei Generationen ungeflügelter Läuse auf Winterwirt Mitte Mai/Ende Juni ab 16 °C Flug geflügelter Wanderläuse auf Sommerwirte, nämlich Getreide, Mais und Gräser. Auf Getreide Hauptvermehrung meist erst nach Blüte, günstig 15-25 °C und überwiegend trocken. Gegen Ende der Milchreife plötzlicher Zusammenbruch der Population; dabei Abflug Sommergeflügelter auf andere noch grüne Sommerwirte. 3. Geflügeltengeneration im Herbst, ab 9 °C Rückflug zum Winterwirt zur Eiablage. Wichtige biologische Begrenzungsfaktoren Marienkäfer, Schwebfliegenlarve, Florfliege, Schlupfwespen und Krankheitserreger.

Bekämpfung: Keine »blinde« Fungizid-Breitbandinsektizid-Kombination beim Ährenschieben, sondern nur gezielte Maßnahme mit bienenungefährlichem, nützlingsschonendem Blattlausmittel; daher zumindest wöchentliche Kontrollen auf Ähren und Fahnenblatt! Bekämpfungsschwelle gegen Saugschäden an Weizen bei günstigen Vermehrungsbedingungen: Ende der Blüte 3-5 Blattläuse je Ähre oder 60-80 % aller Ähren mit Befall, bei sehr hohem Ertragsniveau kritische Werte niedriger. Zumindest zu Beginn der Besiedlungsperiode häufig eine Feldrand- oder Teilflächenbehandlung ausreichend.

Große Getreideblattlaus an Weizen

Große Getreideblattlaus an Hafer

Haferblattlaus

Bleiche und Große Getreideblattlaus

25 Viröse Vergilbung

Nekrotische Vergilbung *(beet yellows virus, BYV)*
Milde Vergilbung *(beet mild yellowing virus, BMYV)*

Bedeutung: Wirtschaftlich sehr wichtige Viruskrankheit, kann zu starken Minderungen des Rüben- und Zuckerertrages führen, besonders in Gebieten mit frühem Auftreten virusübertragender Blattläuse.

Schadbild: Je nach Witterung und Flug der Blattläuse ab Juni erster nesterweiser Befall. Das Gewebe zwischen den zunächst noch grün bleibenden Blattadern hellt sich auf, befallene Blätter werden gelb, spröde und brechen mit knackendem Geräusch. Bei der Milden Vergilbung (BMYV) vor allem an älteren Blättern vom Rande her gelb-orange Verfärbung. Bei der Nekrotischen Vergilbung (BYV) zunächst stärker zitronengelbe Blätter, später rötliche, allmählich zusammenfließende Flecke und punkt- oder strichelförmige Nekrosen. Mischinfektionen beider Viren auf dem gleichen Feld oder auf einer Pflanze mit Übergängen in der Symptomausprägung.

Biologie: BMYV und BYV werden durch Blattläuse übertragen; wichtigster Vektor ist die Grüne Pfirsichblattlaus *(Myzus persicae).* Die Schwarze Rübenlaus *(Aphis fabae)* und andere Blattläuse tragen nur in geringerem Umfang zur Verschleppung bei. Im Ei an ihren Winterwirten »holozyklisch« überdauernde Blattläuse müssen im Frühjahr die Viren aus verseuchten Samenrüben, in offenen Mieten austreibenden Futterrüben oder von Unkräutern, u. a. Gänsefuß, Kreuzkraut, Hirtentäschel und Vogelmiere, aufnehmen, bevor sie zur Übertragung auf die Rübe fähig sind. Überwintern die Blattläuse unter Umgehung des Eistadiums »anholozyklisch« bei nicht zu tiefen Temperaturen auf diesen mit Virus befallenen Unkräutern, ist die unmittelbare Gefährdung benachbarter Rübenschläge besonders hoch. Mit BYV beladene Blattläuse bleiben nur wenige Tage infektiös, das BMYV wird dagegen »persistent« übertragen, d. h. die Blattlaus ist während ihres gesamten Lebens infektionsfähig.

Bekämpfung: Die Ausschaltung der Infektionsquellen, auf denen die Pfirsichblattlaus im Frühjahr die Vergilbungsviren aufnimmt, ist bei weitem nicht ausreichend, da aus größeren Entfernungen virustragende Läuse angeweht werden können. Frühe Aussaaten sind weniger stark gefährdet. Bekämpfung der Blattläuse durch systemische Insektizide in der Rübenpille mit längerer Wirksamkeit, ab Mitte des Anbaujahres durch den gezielten Einsatz von möglichst nützlingschonenden Insektiziden. Warnmeldung des PS-Dienstes beachten!

Viröse Vergilbung Mischbefall

Viröse Vergilbung im Feldbestand

26 Viröse Wurzelbärtigkeit

(Rizomania)
Aderngelbfleckigkeitsvirus
(Beet necrotic yellow vein virus, BNYVV)

Bedeutung: Zuerst im Mittelmeerraum, seit Mitte der 70er Jahre auch in Deutschland beobachtet. Verstärktes Auftreten in einigen Gebieten von Hessen, Rheinland-Pfalz und Bayern, inzwischen auch in Norddeutschland. Bei sehr starkem Befall Ertragsminderung bis 50 % und erheblicher Rückgang des Zuckergehaltes. In Befallslagen ernste Gefahr für den Rübenbau.

Schadbild: Bei Frühbefall bleiben die Pflanzen im Wachstum zurück, die Blätter sind kleiner, hellgrün verfärbt und stehen steil aufrecht. Ähnliche Symptome treten auch bei Staunässe auf. Blätter befallener Pflanzen welken unter Wassermangel eher als die gesunder Rüben. Helle Flecken entlang der Blattadern sind ein sicheres Erkennungsmerkmal, aber relativ selten. Typisch für die Erkrankung ist der starke, dichte Wurzelbart an den meist kleineren Rübenkörpern, nicht zu verwechseln mit dem Schadbild des Rübennematoden (S. 78). Bei Schrägschnitt durch Hauptwurzel oder dickere Seitenwurzeln ist eine Dunkelfärbung der Gefäßbündel zu erkennen. Bei Fortschreiten der Erkrankung kommt es zu Fäulnis der Wurzel.

Biologie: Erreger der Erkrankung ist das Aderngelbfleckigkeitsvirus, das durch die im Wasser schwimmenden Sporen (Zoosporen) des Bodenpilzes *Polymyxa betae* in die Wurzeln der Rübe übertragen wird. In den Wurzeln bilden sich Dauersporen, mit denen Pilz und Virus im Boden längere Zeit überdauern können. Der Pilz findet günstige Entwicklungsbedingungen bei hoher Bodenfeuchtigkeit und bei Temperaturen über 20 °C. Eine Infektion der Rübe mit dem Pilz allein schädigt die Pflanze nur wenig, entscheidend für die starken Ertrags- und Qualitätsverluste ist das Virus. Auf Böden mit Strukturschäden, bei stauender Nässe, starker Beregnung und hohen Niederschlägen sind die Rüben besonders gefährdet.

Bekämpfung: Eine leichte Minderung der Schäden auf befallenen Flächen durch Maßnahmen zur Verbesserung der Bodenstruktur, zur Beschleunigung der Jugendentwicklung der Rübe und zurückhaltende Zusatzberegnung ist nur begrenzt zu erreichen. Enge Stellung der Rübe in der Fruchtfolge auf gefährdeten Schlägen unbedingt vermeiden! Eine chemische Bekämpfung ist nicht möglich; Verschleppung von verseuchtem Boden auf befallsfreie Standorte ist zu vermeiden. Sortenwahl zur Verminderung der Schäden entscheidend. Rizomania-tolerante bzw. -resistente Sorten sind bei Befallsfreiheit in der Ertragsleistung anfälligen Sorten nicht mehr unterlegen.

Rizomania-erkrankte Pflanze im Bestand

Rizomania-Wurzelbart

Rizomania-Verfärbung der Wurzel im Schnitt

27.1 Rübenkräuselkrankheit

Rübenkräuselvirus *(Beet leaf curl virus, BLCV)*

Bedeutung: Auf leichteren Böden in Nord- und Mitteldeutschland sporadisch beobachtet, in letzter Zeit seltener. Bei starkem Befall Ertragsminderungen.

Schadbild: Zunächst Aufhellen der Blattadern sowie nadelstichähnliche helle Saugstellen der Rübenblattwanze auf Blattspreiten und Stielen. Später Krümmen und Kräuseln der Blätter nach innen, dadurch Bildung von »Salatköpfen«. Vorzeitiges Vergilben und Absterben der äußeren Blätter. Befall oft stärker am Rande des Schlages.

Biologie: Das Rübenkräuselvirus wird von der Rübenblattwanze *Piesma quadratum* persistent übertragen. Eiablage der Wanzen an der Unterseite der Blätter, Entwicklung über die Larve zum Vollinsekt dauert ca. $1^1/_2$ – 2 Monate. Überwinterung als erwachsenes Tier an Feld- und Waldrändern, im zeitigen Frühjahr bei ausreichenden Temperaturen Einwanderung in die Rübenschläge. In Samenrüben, Spinat oder *Chenopodium-* und *Atriplex*-Arten kann das Virus ebenfalls überdauern.

Bekämpfung: Gezielt bei Auftreten der Wanzen ca. ab Mitte Mai Anwendung von Insektiziden. Randbehandlung oft ausreichend. Nur bei stärkerem Befall weitere Behandlungen gegen Larven und junge Blattwanzen.

27.2 Fingerkäfer

Clivina fossar

Bedeutung: Gelegentlich beträchtliche Schäden, besonders nach früher Bestellung und bei Unkrautfreiheit nach ganzflächiger Anwendung von Herbiziden.

Schadbild: Keimblätter ganz oder teilweise abgefressen, Entwicklungsverzögerung oder Absterben der Keimpflanzen. Gelegentlich Fraßschäden am Hypokotyl, die dem Schadbild durch Moosknopfkäfer (S. 80) ähneln und zu Welken und Absterben führen können.

Biologie: Käfer ca. 6 mm lang, schmale, fast zylindrische Körperform, dunkle bis rotbraune Färbung. Vorderes Beinpaar kräftig, mit zahnartigen Fortsätzen. Im Frühjahr hält sich der Käfer bei ausreichender Feuchtigkeit in der oberen Bodenschicht auf und greift von hier aus die jungen Pflanzen an. Flugfähig, bei Trockenheit daher Ausweichen auf geeignete Flächen möglich. Eiablage im Frühjahr, bald darauf Absterben. Als räuberischer Laufkäfer bei geringer Populationsdichte in Rüben oder in anderen Kulturen auch nützlich.

Bekämpfung: Systemische Insektizide in der Pillierung meistens ausreichend wirksam. Nur bei hohem Befallsdruck Band- oder Flächenspritzung.

Rübenkräuselkrankheit

Fingerkäfer

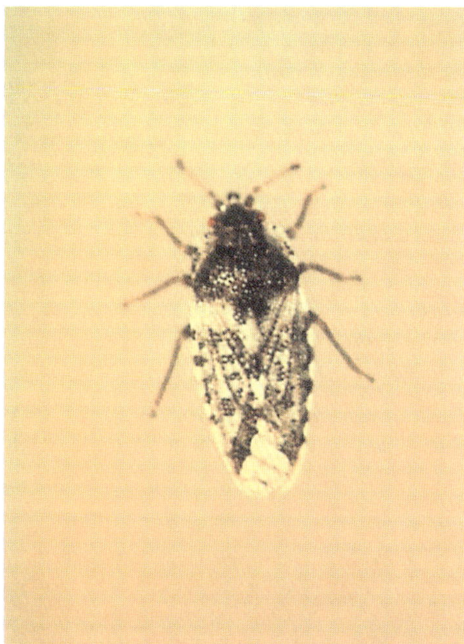

Rübenblattwanze

28 Wurzelbrand und Seitenwurzelfäule

Phoma (Pleospora) betae, Pythium spp., *Aphanomyces cochlioides* u. a.

Bedeutung: Im vereinzelungslosen Rübenbau sind besonders bei ungünstiger Frühjahrswitterung größere Schäden durch Wurzelbrand möglich. Nach zu starker Ausdünnung der Bestände u. U. sogar Umbruch notwendig. Bei starker Verseuchung des Bodens durch zu enge Fruchtfolge werden auch die spätere Entwicklung der Rübe und der Ertrag durch Befall der Seitenwurzeln beeinträchtigt.

Schadbild: Keimpflanzen laufen nicht auf oder bleiben im Wachstum stark zurück. Die ersten Blätter vergilben, junge Pflanzen fallen um und sterben ab. Am Hypokotyl, an der Basis der Keimblätter und an den Wurzeln bräunliche bis schwarze Verfärbungen, Einschnürungen dicht unter der Bodenoberfläche, Absterben der befallenen Gewebeteile. Frühe Infektionen können die Keimlinge schon vor dem Aufgang abtöten. Übersteht die junge Rübenpflanze den Befall, treten später gelegentlich Einschnürungen der Wurzel oder des Rübenkörpers auf. Darüber hinaus Wachstumshemmungen durch Schädigung der Seitenwurzeln, vor allem Verbräunung der Wurzelspitzen. Sichere Diagnose oft schwierig. Frost oder andere nichtparasitäre Einflüsse können ähnliches Schadbild hervorrufen.

Biologie: Sowohl »samenbürtige« als auch »bodenbürtige« Pilze beteiligt: *Phoma betae* wird mit dem Rübensaatgut übertragen. Dieser Pilz dringt schon während des Wachstums der Samenrübe in die äußere Samenhülle ein und überdauert dort als Myzel. Führt nach der Aussaat besonders bei kühler Witterung zu stärkeren Auflaufschäden. *Pythium*-Arten und *Aphanomyces* halten sich als Dauersporen lange im Boden und infizieren die Keimlinge mit Hilfe beweglicher Zoosporen oft schon vor dem Aufgang. Feuchtigkeit und tiefe Temperaturen begünstigen *Pythium; Aphanomyces* benötigt etwas höhere Temperaturen und ist während der späteren Entwicklung der Rübe meistens stärker an den Seitenwurzeln zu finden. Bei hoher Anbauhäufigkeit in der Fruchtfolge nimmt die Gefährdung der Zuckerrüben durch bodenbürtige Pilze zu.

Bekämpfung: Die Gefährdung von Keimling und junger Rübe kann durch vorbeugende Kulturmaßnahmen vermindert werden; optimale Saatbettvorbereitung, zeitgerechte, dem Standort und Bodenzustand angepasste frühe Aussaat und gute Nährstoffversorgung bieten die Voraussetzungen für eine schnelle Entwicklung der jungen Pflanze. Die Saatgutbeizung wird bereits vom Saatguterzeuger durch Zusatz von Fungiziden zur Pillierungsmasse vorgenommen. Ältere Wirkstoffe erfassen vor allem *Phoma betae*, neuere sind auch gegenüber den bodenbürtigen Erregern wirksam.

Keimpflanzen mit Wurzelbrand

Wurzelbrand

Seitenwurzelfäule

29 Späte Rübenfäule

Rhizoctonia solani

Bedeutung: Der Pilz tritt weltweit in landwirtschaftlich genutzten Böden an über 500 Wirtspflanzen mit unterschiedlichen Biotypen auf. In deutschen Zuckerrübenanbaugebieten werden seit einigen Jahren in Niederbayern und im Rheinland Schäden beobachtet, vor allem bei Mais in der Fruchtfolge. In Einzelfällen können Verluste von mehr als 50 % im Rübenertrag auftreten. Rübenkörper faulen im Boden oder später in der Rübenmiete, es kommt zu Qualitätsverlusten.

Schadbild: Etwa Juli/August tritt eine rasche Welke des gesamten Blattapparates an einzelnen oder mehreren Rüben auf. Unmittelbar unterhalb der Erdoberfläche sind braunschwarze Faulstellen zu erkennen, im Frühstadium nicht tief eingesunken. Im weiteren Verlauf der Vegetation entstehen oft Risse im Rübenkörper, begleitet von Nassfäulen durch Sekundärinfektionen (u. a. Bakterien), die das Innere des Rübenkörpers vollständig zerstören können.

Biologie: Der Pilz überdauert in Form von Sklerotien oder als Myzelgeflecht im Boden und an Pflanzenrückständen. Im Frühjahr/Sommer erfolgt eine Besiedlung des Rübenkörpers zunächst unterhalb der Erdoberfläche. Für eine rasche Ausbreitung sind hohe Bodentemperaturen und eine ausreichende Bodenfeuchtigkeit erforderlich. Ein Eindringen in tiefere Gewebeschichten erfolgt durch zellwandzerstörende Enzyme. Es sind verschiedene Biotypen (sog. Anastomose-Gruppen) bekannt, die unterschiedliche Gruppen von Wirtspflanzen besiedeln können.

Bekämpfung: Schlechte Bodenstruktur, hoher organischer Anteil des Bodens, ein unausgeglichenes Nährstoffangebot und enge Zuckerrübenfruchtfolge und vor allem stauende Nässe während der Jugendentwicklung sind Faktoren, die ein Auftreten der Krankheit fördern. Erweiterung der Fruchtfolge, Verbesserung der Bodenstruktur (Zwischenfruchtanbau), Einstellung eines ausgeglichenen Nährstoffgehaltes und standortangepasster pH-Wert des Bodens sowie frühzeitiger Rodetermin sind acker- und pflanzenbauliche Maßnahmen, die der Anbauer zur Minderung von Schäden durchführen kann. Erste resistente Sorten stehen aktuell in der Zulassungsprüfung. Eine Bekämpfung mit Fungiziden ist bei dem bodenbürtigen Pilz bisher nicht möglich.

Späte Rübenfäule

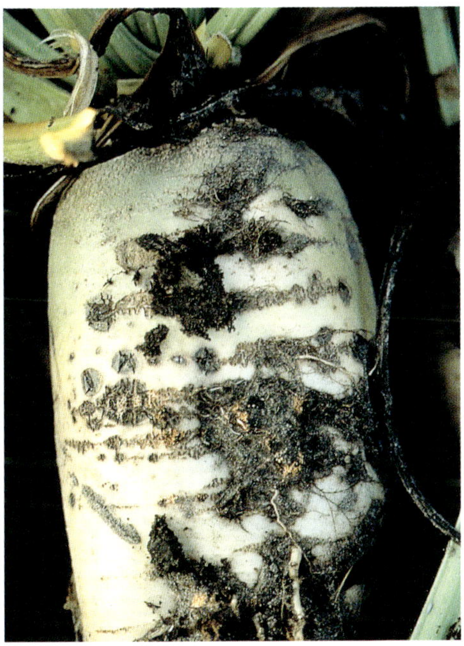

Späte Rübenfäule

Spätstadium der Rübenfäule

30 Cercospora – Blattfleckenkrankheit

Cercospora beticola

Bedeutung: Vor allem in etwas wärmeren, niederschlagsreichen Gebieten wirtschaftlich wichtige pilzliche Blattkrankheit der Zuckerrübe. In der Bundesrepublik Deutschland sind die niederbayerischen Anbaulagen am stärksten gefährdet. Bei frühzeitig beginnender Vernichtung der Blattmasse werden sowohl Rüben- als auch Zuckerertrag erheblich beeinträchtigt.

Schadbild: Etwa ab Ende Juni zuerst an den älteren Blättern 2-3 mm große, runde, zunächst rötliche Flecken zu erkennen, die sich später im Zentrum hellgrau färben, aber einen charakteristischen roten Rand behalten. Mit fortschreitendem Befall reißt das nekrotische Gewebe z. T. auf, die Flecken fließen ineinander, das Blatt vertrocknet. Sterben ganze Blattkränze als Folge des Befalls ab, reagiert die Pflanze darauf mit einem verstärkten Neuaustrieb; der Rübenkopf wächst kugelförmig empor und bildet einen sogenannten »Ananaskopf«.

Biologie: Der Pilz *Cercospora beticola* kann sowohl mit dem Saatgut übertragen werden, als auch auf abgestorbenen Rübenblättern oder -köpfen in und auf dem Boden überdauern. Bei ausreichender Feuchtigkeit und Temperaturen von mindestens 17 °C (Optimum 27 °C) werden die Vermehrungsorgane (Sporen) des Pilzes gebildet und durch Wind und Regen auf die Rübenblätter getragen. Hier keimen die Sporen bei mehr als 95 % relativer Luftfeuchte aus und dringen durch die Spaltöffnungen in das Blatt ein. Innerhalb weniger Tage kommt es zur Entwicklung der ersten Blattflecken, auf denen neue Sporen gebildet werden, die für eine Ausbreitung der Erkrankung auf der Pflanze und im Bestand sorgen. Auf Samenrüben werden auch Blütenstände und Saatgut infiziert.

Bekämpfung: Vorbeugende Maßnahmen in Form der Beseitigung infizierter Pflanzenrückstände sind nur begrenzt wirksam, können aber zu einer gewissen Minderung des Infektionsdruckes beitragen. In Befallsgebieten sollte eine zu enge Fruchtfolge vermieden werden. Durch Saatgutbeizung mit Fungiziden werden frühe Infektionen über samenbürtige Sporen ausgeschaltet. Während der Vegetation können innerhalb weniger Tage nach dem Aufreten der ersten Symptome Fungizide aus der Wirkstoffgruppe der Azole eingesetzt werden. Vorläufige Werte für Bekämpfungsschwellen sind abhängig vom Erscheinen erster Läsionen und liegen für einen Befall vor Mitte August bei 5 %, später bei einer evtl. erforderlichen Zweitbehandlung bei 45 % befallener Blätter. Warnmeldungen des Pflanzenschutzdienstes beachten! In besonders gefährdeten Anbaugebieten können auch teilresistente Sorten mit Erfolg angebaut werden.

Cercospora-Blattfleck mit Myzel

Cercospora-Blattflecken

Neuaustrieb und durch *Cercospora* abgestorbene Blätter

31.1 Phoma - Blattfleckenkrankheit

Phoma (Pleospora) betae

Bedeutung: Nur selten von wirtschaftlicher Bedeutung. Bei Samenrüben durch starken Befall Ertrag vermindert; wichtiger ist hier die Infektion der Samenanlagen, die zum Wurzelbrand der jungen Rüben führen kann (Seite 66).

Schadbild: Rundliche Blattflecken mit hellem Zentrum und konzentrischen, dunklen und helleren Ringen, bis 2 cm groß, im Inneren häufig Aufreißen. Mit der Lupe sind kleine, schwarze Sporenbehälter (Pyknidien) des Pilzes darauf zu erkennen. Bei Samenrüben treten auch an den Stengeln Nekrosen mit Sporenbehältern auf.

Biologie: Pilz findet bei feuchtem Wetter und um 20 °C beste Entwicklungsbedingungen, bei Befall von Samenrüben dann stärkere Verseuchung des Saatgutes. Verbreitung durch Sporen, die in den Pyknidien gebildet werden. Systemisches Wachstum des Pilzes innerhalb der Wirtspflanze ist möglich.

Bekämpfung: Anbau von Samenrüben an niederschlagsärmeren Standorten. Vom Rübenknäuel her verursachter Wurzelbrand ist durch Beizung des Saatgutes zum Großteil zu verhindern. Bekämpfung des Blattbefalls im allgemeinen nicht notwendig.

31.2 Ramularia - Blattfleckenkrankheit

Ramularia beticola

Bedeutung: An Fabrikrüben geringere, nur regional oder im Samenrübenbau gelegentlich größere Bedeutung, offenbar in den letzten Jahren zunehmend.

Schadbild: Unregelmäßige, bis 1 cm große, graue bis bräunliche Blattflecken, gelegentlich mit konzentrischen Ringen und schmalem, dunklerem Rand, abgestorbenes Gewebe im Zentrum kann herausbrechen. Bei starkem Befall Absterben der Blätter, u. U. Neuaustrieb. Flecken meist kleiner als bei *Phoma* (s. o.), ohne Pyknidien. Von überwiegend kleineren *Cercospora*-Blattflecken oft schwer zu unterscheiden (S. 70).

Biologie: Die Blätter werden durch die Spaltöffnungen von den auskeimenden Sporen des Pilzes infiziert. Optimale Entwicklung bei ca. 18-20 °C und relativer Luftfeuchtigkeit über 95 %. Überdauern des Pilzes auf abgestorbenen Blättern und Rübenköpfen im Boden, von geringerer Bedeutung Übertragung mit dem Saatgut.

Bekämpfung: Beseitigung oder sauberes Unterpflügen von Rübenblatt vermindern die Infektionsquellen. Chemische Bekämpfung durch den Einsatz von Fungiziden wie bei *Cercospora*-Blattflecken.

Phoma-Blattflecken

Ramularia-Blattflecken

Ramularia-Blattfleck mit Konidienrasen

32.1 Echter Mehltau

Erysiphe betae

Bedeutung: Stärkeres Auftreten vor allem im sommertrockenen Klima Südeuropas, seit Anfang der 70er Jahre auch in Mitteleuropa beobachtet. Besonders bei Frühbefall Schäden möglich.

Schadbild: Je nach Witterung ab Mitte Juni zuerst auf der Oberseite älterer Blätter weißer, mehliger Belag, der rasch das gesamte Blatt überwächst. Dieses Pilzgeflecht ist leicht abzuwischen. Schnelle Ausbreitung über den gesamten Bestand möglich, oft verstärkt an Samenrüben. Blätter vergilben oder vertrocknen bei fortschreitendem Befall. In dem weißen Belag erscheinen zunächst gelbe, sich später schwarz färbende kleine, runde Fruchtkörper.

Biologie: Entwicklung des Pilzes wird durch Temperaturen um 20 °C und trockene Witterung begünstigt. Mit den Fruchtkörpern kann der Pilz ungünstige Perioden, aber kaum den Winter überdauern. Erstbefall geht wahrscheinlich von Sporen aus, die über größere Entfernungen angeweht werden.

Bekämpfung: Nur bei frühem und stärkerem Befall lohnt der Einsatz von Fungiziden. Unterschiedliche Anfälligkeit der Sorten beachten.

32.2 Rübenrost

Uromyces betae

Bedeutung: Weltweit beobachtet; durch spätes Auftreten wirtschaftliche Bedeutung in Deutschland meist nur gering.

Schadbild: Auf beiden Seiten der Blattspreiten im (Spät-)Sommer kleine rötlich-braune Pusteln (Ø bis 1 mm). Häufig nur Einzelpflanzen befallen.

Biologie: Im Frühjahr werden nach Infektion über Basidiosporen blattunterseits Äzidiosporen gebildet, die durch den Wind verbreitet werden. Aus ihnen bilden sich Pusteln, deren Uredosporen über Wind und Regen eine Verbreitung der Krankheit im Bestand verursachen. Im weiteren Verlauf der Entwicklung entstehen dickwandige Wintersporen (Teleutosporen), die auf Blattresten, Stecklingen u. a. überwintern.

Bekämpfung: Mit einer geregelten Fruchtfolge und verlustarmer Ernte ist das Krankheitsauftreten zu begrenzen. Direkte Bekämpfungsmaßnahmen sind meist nicht erforderlich. Früher Befall wird durch Spritzungen mit Azol-haltigen Mitteln gegen *Cercospora* oder *Ramularia* mit erfasst.

Echter Mehltau

Rübenrost im Bestand

Rübenrost, Pusteln Blattoberseite

33.1 Bakterielle Blattfleckenkrankheit

Pseudomonas syringae pv. *aptata*

Bedeutung: In den letzten Jahren in Mittel- und Westeuropa verstärkt aufgetreten, dennoch aber von geringer wirtschaftlicher Bedeutung.

Schadbild: Braune bis schwarze Blattflecken von unterschiedlicher Größe und unregelmäßiger Form im Inneren der Blattspreite, entlang der Blattadern und am Blattrand. Absterben und Ausbrechen des befallenen Gewebes. Flecken sind oft von hellgrünen bis gelben Zonen umgeben.

Biologie: Erreger der Erkrankung ist ein Bakterium, das über Spaltöffnungen oder Verletzungen in das Blatt eindringt. Hagel oder starker Regen begünstigen die Infektion. Bei feuchter und kühler Witterung breitet sich die Krankheit schnell aus, mit Einsetzen warmer und trockener Witterung bricht die Vermehrung der Bakterien und Ausbreitung der Erkrankung rasch ab, die Schädigung wächst dann schnell aus. Der Erreger überdauert wahrscheinlich an Pflanzenresten.

Bekämpfung: Einzelne Zuckerrübensorten zeigen höhere Anfälligkeit, gegebenenfalls kann daher Sortenwechsel angebracht sein. Eine chemische Bekämpfung ist bisher nicht möglich.

33.2 Gürtelschorf

Actinomycetes (Streptomyces spp.*)*

Bedeutung: Meist gering. Stärkeres Auftreten führt zu einer Erhöhung des Schmutzanteils und zu Ernteverlusten durch Rübenbruch.

Schadbild: Unterhalb der Bodenoberfläche rissige, schorfige Stellen am Rübenkörper, die in einen brauen klüftigen Gürtel zusammenfließen. Die Rübenkörper sind mehr oder weniger stark eingeschnürt und zeigen wulstartige Wucherungen.

Biologie: Erreger sind verschiedene Actinomyceten-Arten *(Streptomyces* spp.), die über Verletzungen in den Rübenkörper eindringen. Die Pflanze wirkt mit der Bildung allmählich sich verstärkender Korkschichten dem weiteren Vordringen des Erregers entgegen.

Bekämpfung: Die Krankheitssymptome werden je nach Erregerart auf leichten, alkalischen Böden, unter Trockenbedingungen, aber auch auf sauren, luftarmen, zur Verkrustung neigenden Flächen mit schlechter Wasserführung beobachtet. Gezielte Bekämpfungsmaßnahmen sind nicht möglich.

Bakterielle Blattflecken

Bakterielle Blattflecken

Gürtelschorf

34 Rübennematode

Heterodera schachtii

Bedeutung: Bei starker Verseuchung des Bodens erhebliche Ertragsminderungen. Spätsaaten sind besonders gefährdet. Als wichtige Teilursache der »Rübenmüdigkeit« des Bodens gefürchtet.

Schadbild: Ungleichmäßige Entwicklung des Bestandes, bei Trockenheit nesterweises Welken, Erholung der Blätter über Nacht oder nach Niederschlägen. Vergilbung, später Absterben der äußeren Blätter, nachtreibende Blätter bleiben klein. Am kleineren, oft »beinigen« Rübenkörper verstärkte Bildung von Seitenwurzeln; »Wurzelbart« mit zahlreichen stecknadelkopfgroßen (ca. 0,8 mm), zitronenförmigen, zunächst hellen, dann braunen Zysten, die später abfallen.

Biologie: Der auch Rübenzystenälchen genannte Schädling ist ein Fadenwurm von 0,5-1,5 mm Länge. In einer Zyste entwickeln sich bis 250 Eier bzw. Larven. Bei Vorhandensein geeigneter Wirtspflanzen, ausreichender Temperatur im Frühjahr und genügender Feuchtigkeit im Sommer schlüpft ein Teil der Larven aus und wandert in die Wurzeln der Wirtspflanzen, neben Rüben vor allem Kreuzblütler. Nach genügender Nahrungsaufnahme bilden sich geschlechtsreife Tiere. Das Weibchen schwillt an, bringt dadurch das Wurzelgewebe zum Aufreißen, sein Hinterende tritt nach außen. Hier Begattung durch Männchen, welche die Wurzel schon als Larven verlassen haben. Das Weibchen verhärtet und bildet die Zyste. In diesem Dauerstadium bleiben Eier und Larven jahrelang lebensfähig, jährlich schlüpft nur ein Teil der Larven. Pro Jahr 2-3 Generationen.

Bekämpfung: Wichtigste vorbeugende Maßnahmen sind nicht zu häufiger Anbau der Rübe und Vermeiden anderer Wirtspflanzen in der Fruchtfolge. Grad der Nematodenverseuchung kann vom Pflanzenschutzdienst anhand von Bodenproben mittels verschiedener Verfahren erfasst werden. Als leichte Verseuchung gelten bis 10, als sehr schwere Verseuchung mehr als 40 Zysten mit lebendem Inhalt je 100 cm^3 Boden. Genauere Aussagen sind durch Bestimmung des Zysteninhaltes möglich: 500 lebende Eier und Larven je 100 cm^3 Boden werden als Schadensschwelle angegeben, bei früher Aussaat liegt dieser Wert etwas höher, bei später niedriger. Bei sehr schwerer Verseuchung wird empfohlen, 6-8 Jahre mit dem Anbau von Wirtspflanzen auszusetzen. Durch den Anbau von nematodenresistenten Senf- oder Ölrettichsorten als Zwischenfrucht oder im Rahmen der Flächenstilllegung kann der Nematodenbesatz reduziert werden. Inzwischen stehen auch erste nematodenresistente Zuckerrübensorten mit gutem Ertragspotential zur Verfügung. Chemische Verfahren zur Bekämpfung der Rübennematoden sind derzeit nicht zugelassen.

Rübennematode, Befallsherd im Bestand

Rübennematode, Zysten

Rübennematode, Wurzelbart mit Zysten

35.1 Springschwänze (Collembolen)

Onychiurus armatus, O. fimatus u. a.

Bedeutung: Nur gelegentlich bei früher Aussaat, verzögertem Aufgang der Rüben, ungenügender Verrottung von ungleichmäßig eingearbeitetem Stroh oder nach Gründüngung Auflaufschäden.

Schadbild: Samen in den Knäueln, Keimwurzeln und später Hypokotyle angefressen. Kleine m. o. w. dunkle, punktförmige oder längliche Fraßstellen, selten an den Keimblättern. Bei starkem Befall Absterben der Pflanzen.

Biologie: Unterirdisch lebende Springschwänze weiß, 1-2 mm lang. Ernährung meistens von Pilzen, Algen oder pflanzlichen Zersetzungsprodukten. Bei Mangel an solcher Nahrung Fraß an Keimpflanzen von Rüben und Unkräutern. Mehrere Generationen im Jahr, sehr empfindlich gegen Trockenheit.

Bekämpfung: Nicht zu frühe Aussaat, vor allem bei Ablage auf Endabstand. Beschleunigung der Rübenentwicklung durch gutes, nicht zu lockeres Saatbett. Herbizideinsatz als Bandspritzung, um vorübergehend stehenbleibende Unkräuter als »Alternativnahrung« anzubieten. Chemische Bekämpfung durch systemische Insektizide in der Saatgutpille.

35.2 Moosknopfkäfer

Atomaria linearis

Bedeutung: Gelegentlich beträchtliche Schäden, vor allem bei Anbau von Rüben nach Rüben oder am Feldrand neben vorjährigen Rübenschlägen.

Schadbild: Am Hypokotyl der Keimpflanzen stecknadelkopfgroße, dunkle Fraßstellen, die oft Eintrittspforten für pathogene Pilze bilden (S. 66). Bei stärkerer Schädigung Absterben der Pflanze. Auch an Keim- und Herzblättern gelegentlich Fraß der Käfer.

Biologie: Käfer 1,2-1,7 mm lang, dunkel gefärbt, überwintert an Pflanzenresten, Blattmieten, an Feldrainen und im Boden. Im Frühjahr bei Temperaturen um 10 °C Einwandern in die Rübenfelder, bei höheren Temperaturen Flug. Bei Feuchtigkeit, aber auch bei Trockenheit und verzögerter Jugendentwicklung der Rübe, stärkere Schäden. Fraß auch an Unkräutern. Eiablage ab Mai, 1-2 Generationen pro Jahr.

Bekämpfung: Weite Rübenfruchtfolge, Beseitigung von Ernterückständen, Förderung der Jugendentwicklung der Rübe. Systemische Insektizide in der Saatgutpille machen spätere Flächenbehandlung mit Insektiziden i. d. R. überflüssig.

Collembolen am Rübenknäuel

Collembolen am Keimling

Moosknopfkäfer

Moosknopfkäfer, Fraßschäden

36.1 Drahtwürmer

Larven von *Agriotes* spp., *Athous* spp. (Schnellkäfer)

Bedeutung: An Zuckerrüben und anderen landwirtschaftlichen und gärtnerischen Kulturen entstehen durch Fraßschäden an Jungpflanzen, Wurzeln und Knollen oft erhebliche wirtschaftliche Verluste, besonders in feuchten Jahren und nach Grünlandumbruch.

Schadbild: Wurzeln junger Rüben sind teilweise oder ganz abgefressen. Welken und Absterben der Pflanzen. Dickere Wurzeln werden oft ringförmig angenagt, am Rübenkörper finden sich flache Löcher oder röhrenförmige Fraßgänge. Hellbraune, »drahtige« Larven in Wurzelnähe im Boden.

Biologie: Brauner Käfer von 6-12 mm Länge. Kann sich aus der Rückenlage hochschnellen. Eiablage im Sommer flach im Boden. Larven benötigen 3-5 Jahre bis zum Käfer, ernähren sich zunächst von Pflanzenresten, erst vom zweiten Jahr an kommt es zu Fraßschäden. Im Endstadium Drahtwürmer mehr als 2 cm lang.

Bekämpfung: Neuere systemische Insektizide in der Saatgutpille sind in der Wirkung in der Regel ausreichend.

36.2 Tausendfüßler

insbes. Getüpfelter Tausendfüßler
Blaniulus guttulatus u. a.

Bedeutung: Bei kühler, feuchter Witterung nach der Aussaat und dadurch verzögerter Entwicklung der Keimpflanzen gelegentlich Schäden durch Tausendfüßler möglich.

Schadbild: Fraßschäden treten schon an der auskeimenden Saat im Boden auf. Wurzeln und Hypokotyl werden angefressen, zeigen braune Verfärbung. Die Folgen sind lückiger Aufgang, Welken und Absterben der jungen Pflanzen. Kommen Schäden z. B. durch Drahtwurm oder Wurzelbrand hinzu, kann Umbruch notwendig werden.

Biologie: Hellgefärbte Tiere von ca. 1 mm Durchmesser, bis 20 mm Länge. An jedem Körpersegment 2 Beinpaare und seitlich je ein rötlicher Punkt. Tiere bis 2 Jahre lebensfähig. Nahrung überwiegend abgestorbenes Pflanzenmaterial. Nur gelegentlich Fraß an Rübensamen und Keimlingen, auch an Unkräutern.

Bekämpfung: Systemische Insektizide in der Saatgutpille sind auch gegen Tausendfüßler in der Regel ausreichend wirksam.

Drahtwurm

Drahtwurm

Tausendfüßler

Getüpfelter Tausendfüßler

37 Rübenfliege

Pegomya betae

Bedeutung: Bei Frühbefall sind stärkere Schäden möglich, nach Erreichen des 6-Blatt-Stadiums der Rübe jedoch kaum noch Ertragseinbußen zu erwarten. Bedeutung in den vergangenen Jahren offenbar etwas rückläufig.

Schadbild: Je nach Aufgang der Rübe ab Ende April auf der Unterseite der Keim- und Laubblätter 0,8 mm lange, weiße Eier, oft in Paketen parallel nebeneinander liegend. Später zunächst schmale Fraßgänge zwischen Blattober- und -unterseite, die durch den Fraß der Larven zu sogenannten »Platzminen« ausgeweitet werden. Die weiblichen, etwa 6-8 mm langen Larven (= fußlose Maden) und deren Exkremente sind in durchscheinendem Licht oder nach Öffnen der Minen zu erkennen. Das geschädigte Blattgewebe vertrocknet und reißt auf.

Biologie: Die Überwinterung der Rübenfliege erfolgt als Puppe im Boden. Ausschlüpfen der etwa 6 mm langen, einer kleinen Stubenfliege ähnlichen, hellgrauen Fliege etwa zur Süßkirschenblüte. Nach ca. einer Woche Reifungsfraß durch Aufnahme von Blütennektar Eiablage auf den jungen Rübenpflanzen. Je nach Temperatur Ausschlüpfen der Larven nach 4-10 Tagen, sofortiges Einbohren in das Blattgewebe. Nach 2-3 Wochen Fraß verlassen die Larven die Blätter und verpuppen sich im Boden. Im Jahr treten 2-3 Generationen auf, von denen jedoch nur die erste von unmittelbarer Bedeutung ist. Eine geringere oder stärkere Parasitierung der Rübenfliege durch Schlupfwespen ist offenbar für ihr unterschiedlich starkes Auftreten in verschiedenen Jahren mitverantwortlich. Durch Trockenheit und hohe Temperaturen sowie durch starke Niederschläge werden viele Eier vernichtet. Die Rübenfliege kommt auch an anderen Gänsefußgewächsen (z. B. Melde) und an einigen Nachtschattengewächsen (z. B. Bilsenkraut) vor.

Bekämpfung: Frühe Aussaat und zügige Jugendentwicklung der Rübe vermindern die Schadenswahrscheinlichkeit. Systemische Insektizide in der Saatgutpille erfassen in der Regel die Larven in den ersten Laubblättern. Gezielte Insektizidspritzungen nur gegen die erste Generation der Rübenfliege wirtschaftlich. Bekämpfungsschwelle etwa 2 beginnende Larvenfraßgänge pro Blatt im Durchschnitt aller Pflanzen oder Vernichtung von 20 % der Blattfläche. Als Bekämpfungsschwelle werden auch angegeben: Im 2-Blatt-Stadium 6, im 4-Blatt-Stadium 12, im 6-Blatt-Stadium 18 geschlüpfte Larven im Durchschnitt je Pflanze. Es sollten möglichst nützlingsschonende Insektizide verwendet werden. Warnmeldungen des PS-Dienstes beachten!

Rübenfliege

Eigelege der Rübenfliege

Larve der Rübenfliege

Minierfraß der Rübenfliegenlarven

38.1 Grüne Pfirsichblattlaus

Myzus persicae

Bedeutung: Weltweit verbreitet, als Überträger zahlreicher Viruskrankheiten große Bedeutung. Bei Rüben durch Frühinfektion mit Vergilbungsviren Ursache beträchtlicher Verluste (S. 60).

Schadbild: Etwa ab Mitte Mai treten auf den Rüben geflügelte Blattläuse auf, die an der Blattunterseite ungeflügelte absetzen. Nur bei stärkerem Befall leichte Verformung der Blätter.

Biologie: Überwinterung im Ei auf Pfirsich und Traubenkirsche. Hier im Frühjahr Schlüpfen der Stammmutter, die ungeflügelte Läuse absetzt. Nach 2-3 Generationen wechseln ab Mai geflügelte auf die Rübe über, dort ungeschlechtlich mehrere ungeflügelte und geflügelte Sommergenerationen. Im September Flug auf Winterwirte, dort Absetzen von Weibchen, die Eier ablegen. Ohne diesen Zyklus können in milden Klimaten lebende Tiere an krautigen Pflanzen und Rübenmieten überwintern.

Bekämpfung: Frühe Aussaat, Förderung der Jugendentwicklung. In Gebieten mit frühem Auftreten der Blattläuse sind die systemischen Insektizide in der Saatgutpille zur Bekämpfung ausreichend. Später Spritzung nach Erreichen der Bekämpfungsschwelle von einer geflügelten Laus auf 10 Pflanzen mit möglichst nützlingsschonenden Insektiziden, Warnmeldung des PS-Dienstes beachten.

38.2 Schwarze Rübenlaus (oder Schwarze Bohnenlaus)

Aphis fabae

Bedeutung: An zahlreichen Kulturen und Unkräutern auftretende Blattlaus, die besonders durch Saugtätigkeit, weniger durch Virusübertragung zu starken Ertragsminderungen führen kann.

Schadbild: An jungen, aber auch an älteren Pflanzen und Samenrüben auf den Unterseiten der Blätter oder an Samenständen dichte Blattlauskolonien. Einrollen und starke Kräuselung vor allem jüngerer Blätter. Honigtau (zuckerhaltige Exkremente der Läuse) als klebriger Belag auf den Blättern, dort Ansiedlung von »Schwärzepilzen« Auf Samenrüben gelegentlich Vertrocknen ganzer Blütentriebe.

Biologie: Überwinterung im Ei auf Pfaffenhütchen und Schneeball. Entwicklungszyklus mit Bildung geflügelter und ungeflügelter Formen ähnlich wie bei der Pfirsichblattlaus.

Bekämpfung: Vgl. Pfirsichblattlaus. Einsatz von nützlingsschonenden Insektiziden jedoch erst bei höherer Populationsdichte. Vorläufige Bekämpfungsschwelle ca. 10 % befallene Pflanzen vor Reihenschluss, 50 % nach Reihenschluss, da die Schwarze Rübenlaus als Virusüberträger weniger wichtig ist und Saugschäden erst bei stärkerem Befall auftreten.

Pfirsichblattlaus, ungeflügelt

Pfirsichblattlaus, geflügelt

Schwarze Rübenlaus, Kolonie

Schwarze Rübenlaus mit Junglarven

39.1 Stock- und Stengelälchen

Ditylenchus dipsaci

Bedeutung: In den in Deutschland nur begrenzten Befallsgebieten, z. B. in Nordbaden, führt starker Befall zu merklichen Ertrags- und Qualitätsverlusten. Sekundäre Fäulen schränken die Lagerfähigkeit der geernteten Rüben ein.

Schadbild: Missbildungen an jungen Blättern erste Anzeichen eines Befalls. Am Rübenkopf schorfige Risse, die in den Rübenkörper hineinreichen. Von hier aus entstehen Fäulen durch Sekundärinfektion (Pilze, Bakterien), die auf den gesamten Rübenkörper übergreifen können.

Biologie: Der auch als »Rübenkopfälchen« bekannte Nematode dringt im Frühjahr über Verletzungen in das Hypokotyl der jungen Rübe ein, hier zunächst starke Vermehrung, vor allem im Übergangsbereich von krankem zu gesundem Gewebe. Es können bis zu 4 Generationen pro Jahr entstehen. Im Herbst wandern die Tiere zurück in den Boden, wo sie in einem Zustand ohne messbaren Stoffwechsel (Anabiose) mehr als 10 Jahre überdauern können.

Bekämpfung: Resistente Sorten und gezielte Maßnahmen stehen derzeit nicht zur Verfügung. Über Weiterstellung der Fruchtfolge mit weitgehendem Verzicht auf Roggen, Hafer, Mais, Ackerbohnen u. a. ist eine gewisse Befallsminderung zu erreichen. Eine umfassende Unkrautbekämpfung trägt hierzu mit bei, da auch einige Unkrautarten Wirtspflanzen für das Älchen sind.

39.2 Gammaeule

Autographa gamma

Bedeutung: Bei Massenvermehrung – meist nur in mehrjährigem Abstand – im Juli/August kommt es zu hohen Blattflächenverlusten durch Fraßschäden der Larven; dadurch bedingt Ertragsminderungen. Meist nur vereinzeltes Auftreten, vor allem an Feldrändern.

Schadbild: Zunächst Lochfraß früher Larvenstadien; später Skelettier- (ähnlich Hagelschaden) und Kahlfraß. Unterirdische Pflanzenteile werden nicht befallen. 3-4 cm lange Raupe, »katzbuckelnde« Fortbewegung.

Biologie: Gammaeule extrem polyphag. Eiablage auf Blattunterseite ab April. 5 bis 6 Larvenstadien (3-4 Wochen). Verpuppung im Gespinst unter eingerolltem Blatt oder am Boden. In Europa 2 bis 3 Generationen/Jahr. Befallsfördernd wirken feuchtwarme Bedingungen besonders von Mai bis Juni. Auch Erdraupen (Wintersaateule: *Agrotis segetum*) fressen zunächst oberirdisch, ab August an Rübenkopf und Rübenkörper.

Bekämpfung: Bekämpfung erst ab 15 bis 20 % Blattflächenverlust sinnvoll. Spritzung von Insektiziden in den Abendstunden mit erhöhter Wassermenge.

Ditylenchus an Zuckerrübe

Gammaeule, Falter

Larve der Gammaeule

40.1 Rübenmotte

Scrobipalpa ocellatella

Bedeutung: In einigen Regionen Süddeutschlands und im Oberrheintal besonders in trocken-warmen Jahren gelegentlich starkes Auftreten; dann Beeinträchtigung von Rübenertrag und Zuckergehalt.

Schadbild: Die Herzblätter sind von einem feinen Gespinst überzogen; unter diesem Schutz zerfressen Raupen der Motte die jungen Blätter, minieren in Blättern und Blattstielen. Ältere Raupenstadien grünlichgrau gefärbt, rosa bis karminrote Flecken bzw. Längsbänder auf dem Rücken. Neu gebildete Blätter faulen rasch unter Schwarzfärbung des Gewebes.

Biologie: Eiablage ab April/Mai vorwiegend an Wurzelhals und Blattstielbasis. Junge Raupen minieren in Blättern und Blattstielen, die später zusammengesponnen werden. Verpuppung erfolgt im Sommer. 2 bis 3 Generationen/Jahr. Überwinterung im Puppenstadium.

Bekämpfung: Tiefere Bodenbearbeitung behindert das Aufsteigen der geschlüpften Motten. Auch sind zahlreiche natürliche Feinde bekannt. Gezielte Bekämpfung mit Insektiziden nur im frühen Raupenstadium möglich; hohe Wassermenge erforderlich.

40.2 Waldmaus

Apodemus sylvaticus

Bedeutung: Nach Einführung pillierten Saatgutes und der Ablage auf Endabstand erst zum Schädling geworden. In einigen Regionen wiederholt beachtliche Schäden.

Schadbild: Saatgut entlang der Drillreihe aus dem Boden gewühlt, Pille »geknackt«und Keimling herausgefressen. Bei Fehlstellen von teilweise beträchtlicher Länge Nachdrillen oder sogar Neubestellung erforderlich. Vor allem bei kalter trockener Witterung und dadurch bedingter Auflaufverzögerung.

Biologie: Am Rücken braungrau bis braunrot, an der Bauchseite grauweiß gefärbte Maus von ca. 10 cm Körpergröße und etwas kürzerem Schwanz, große Ohren und Augen. Vorkommen in Feldgehölzen und Waldrändern, Feldern und Gärten. Tiefer Bau mit 2-3 Zugängen, großer Aktionsradius. Nahrung überwiegend Pflanzensamen, Beeren, Blumenzwiebeln, Obstkerne und -steine. Durch Vertilgen von Insekten und Insektenlarven auch nützlich.

Bekämpfung: Durch Bundesartenschutzverordnung geschützt. Bekämpfung nur nach Zustimmung der zuständigen Behörde (Pflanzenschutzdienst), wenn schwerwiegende Schäden abzuwenden sind. Schutz von Greifvögeln kann Populationsdichte der Mäuse vermindern.

Rübenmottel, Fraßschaden

Rübenmotte, Larve

Waldmaus, *Apodemus sylvaticus*

41.1 Großer Rapsstengelrüssler

Ceutorhynchus napi

Bedeutung: Auftreten in allen Anbaugebieten mit Ausnahme von NW-Deutschland (Münsterland, nördl. Niedersachsen, nörd. Schleswig-Holstein). Größte Bedeutung zu Beginn des Längenwachstums des Rapses im Frühjahr.

Schadbild: Im Frühjahr Fraßlöcher im Stengel unter dem Vegetationskegel, Stauchungen, Verdickungen und typische S-förmige Verkrümmungen des Stengels. Während des Längenwachstums platzen die Stengel – vor allem bei Spätfrost oder starken Niederschlägen nach Frühjahrstrockenheit – und rollen sich brettartig auf. Wasser dringt ein, und am Stengelgrund entstehen Fäulen. Im Stengelmark fressen fußlose Larven mit brauner Kopfkapsel. Später Ausbohrlöcher, bevorzugt in Blattachseln. Befall fördert Stengelinfektion mit *Phoma lingam.*

Biologie: Erstauftreten des 4 mm großen Käfers bei 6 °C in 5 cm Bodentiefe. Im Frühjahr bei Sonnenschein und maximalen Temperaturen über 12 °C Zuflug von vorjährigen Rapsfeldern. Beginn der Eiablage nach wenigen Tagen. Larven fressen im Stengelmark bis zur Reife. Verpuppung im Boden. Jungkäfer erscheinen im Sommer nicht mehr am Raps, sondern überwintern im Feld.

Bekämpfung: Siehe Kohltriebrüssler

41.2 Gefleckter Kohltriebrüssler

Ceutorhynchus pallidactylus (syn. *C. quadridens)*

Bedeutung: Verbreitungsgebiet wie *C. napi,* Schadausmaß wesentlich geringer.

Schadbild und Biologie: Keine Wuchsdeformationen am Stengel. Eiablage und Fraßgänge in Blattstielen und -rippen, später minieren Larven im Stengelmark. Käfer 2,5–3 mm groß mit rotbraunen Füßen und weißem Fleck an Flügelbasis. Erstauftreten gleichzeitig, Flughöhepunkt etwas später als bei *C. napi,* längere Verweildauer im Raps. Käfer lassen sich bei Störung schnell von der Pflanze zu Boden fallen. Jungkäfer erscheinen im Juli wieder im Raps, ohne nochmals Schäden zu verursachen. Leichte Verwechslungsmöglichkeit mit gelegentlich auftretendem Schwarzem Kohltriebrüssler, dessen Larven über Winter schädigen.

Bekämpfung: Kontrolle des Zuflugs beider Stengelrüsslerarten ab Februar/März mit Gelbschalen. Erste Bekämpfung 3–5 Tage nach Erstanflug des Großen Rapsstengelrüsslers mit Fraß- und Kontaktinsektiziden. Bei anhaltendem Zuflug Wiederholung der Behandlung nach 14 Tagen. Bekämpfung erfahrungsgemäß lohnend, wenn bei Erstanflug innerhalb von 3 Tagen mehr als 10 Käfer/Gelbschale, vor allem *C. napi,* gefangen werden. Später zufliegende Kohltriebrüssler werden bei Bekämpfung der Glanzkäfer und Kohlschotenrüssler mit erfasst.

C. quadridens (o.) und *C. napi* (u.)

C. napi mit Bohrloch zur Eiablage

Stengelrüsslerlarven im Stengelmark

Stengelverkrümmung durch *C. napi*

42 Rapsglanzkäfer

Meligethes aeneus

Bedeutung: In allen Anbaugebieten zahlreich anzutreffen. Erhebliche Schäden bei frühzeitigem Auftreten und stockender Rapsentwicklung durch Trockenheit. Befall an Sommerraps ist stärker schädigend als an Winterraps, der zeitig eingetretene Schäden teilweise ausgleichen kann.

Schadbild: Zunächst Vergilben und Abfallen einzelner Knospen. An weiter entwickelten Knospen finden sich Fraßlöcher, aus denen Pollen quillt. Bei Verletzung der Schotenanlage fällt die Knospe ab. Schließlich entstehen lückige Schotenstände, deren Schoten in unregelmäßiger Reihenfolge abgefallen sind. Fehlen Schoten abschnittsweise vollständig, ist in der Regel anhaltende Trockenheit die Ursache.

Biologie: Bei Bodentemperaturen um 10 °C verlassen die Käfer ihre Winterquartiere an Waldrändern, fliegen bei Lufttemperaturen ab 15 °C zu den Rapsfeldern und besiedeln zunächst deren Ränder. Bei Sonnenschein und Wärme rasche Besiedlung des ganzen Feldes. Wichtigste Nahrungsgrundlage ist Blütenpollen. An diesen gelangt der Käfer durch Zerbeißen der Kelch- und Blütenblätter. Dabei wird z. T. auch der Fruchtknoten verletzt und damit die Knospe zerstört. Zur Eiablage beißen die Käfer kräftig entwickelte Knospen von unten her an und beschicken diese mit bis zu 5 Eiern. Die Larven ernähren sich ausschließlich von Blütenstaub. Schoten aus diesen Brutknospen entwickeln sich ungehindert. Nach dem Öffnen der Knospen tritt kein weiterer Schaden mehr ein. Abwanderung der Larven zur Verpuppung in den Boden, dabei Dezimierung durch Parasiten und Räuber, wie Schlupfwespen und Laufkäferarten. Ab Ende Juni erscheinen die Jungkäfer in großer Zahl und leben bis zur Abwanderung in die Winterquartiere an gelb- und weißblühenden Wildkräutern.

Bekämpfung: Für zügiges Wachstum sorgen; dadurch Ausgleich leichterer Schäden. Kontrolle durch Gelbschalen ermöglicht Feststellung des Erstanfluges und der Flugaktivität. Ermittlung der Käferdichte pro Pflanze durch Schüttelprobe über Gefäß oder weißem Karton. Bekämpfung nur im Knospenstadium sinnvoll! Bekämpfungsschwellen: Bei Winterraps je nach Entwicklungsstadium 3-8, bei Sommerraps 1-2 Käfer pro Pflanze am Feldrand.
Bisweilen genügen Feldrandbehandlungen, sonst Flächenbehandlungen mit Fraß- oder Kontaktinsektiziden. In Lagen mit häufiger Bekämpfungsnotwendigkeit bewähren sich Fahrgassen zur Minderung von Fahrspurverlusten.
Wenn blühende Unkräuter im Bestand sind oder sich erste Rapsknospen öffnen, unbedingt Bienenschutz beachten und nur noch bienenungefährliche Präparate zur Anwendung bringen!

Rapsglanzkäfer auf Knospenstand

Käfer bohrt sich in Knospe ein

unregelmäßiger Knospenbefall

43.1 Kohlschotenrüssler

Ceuthorhynchus assimilis

Bedeutung: In allen Anbaulagen anzutreffen. Allein durch diesen Rüsselkäfer verursachte Schäden bleiben relativ gering. Große Bedeutung als Wegbereiter für die weit stärker schädigende Kohlschotenmücke.

Schadbild: Nach Eiablage schwer erkennbare, vernarbte Bissstellen in der Schotenwand. In der Schote frisst braunköpfige Larve 3-5 Kornanlagen aus. Zur Reife Ausbohrloch in der Schotenwand durch abwandernde Larve. Eindringendes Wasser führt zu Auswuchs und Pilzinfektionen, so dass die Schote fault und sich vorzeitig öffnet.

Biologie: Der bis 3 mm große Käfer überwintert an Waldrändern, fliegt ab Blühbeginn den Raps an und erreicht Flughöhepunkt zur Vollblüte des Rapses. Eiablage durch Fraßloch in die Schote, dort bis 4 Wochen Larvenfraß an Kornanlagen. Verpuppung im Boden. Jungkäfer erscheinen im Juli wieder im Raps, wandern dann aber zu Wildpflanzen ab.

Bekämpfung: Kontrolle durch Gelbschale und Schüttelprobe. Bekämpfungsschwelle bei etwa 1-2 Käfern pro Pflanze. Bekämpfung ab Blühbeginn ausschließlich mit bienenungefährlichen Präparaten!

43.2 Schwarzer Kohltriebrüssler

Ceuthorhynchus picitarsis

Bedeutung: Mit zunehmender Rapsanbaufläche hat auch das Auftreten dieses Rüsselkäfers zugenommen. Er wird häufig im Herbst übersehen, oder sein Schadbild wird mit dem des Rapserdflohs verwechselt.

Schadbild: Im Spätherbst sind im Wurzelkopf unter dem Vegetationskegel erste Fraßgänge mit beinlosen weißen Larven zu finden. Über Winter fault der zerfressene Bereich aus, der Haupttrieb kommt nicht zur Entwicklung und wird durch mehrere Seitentriebe ersetzt, die verkümmert aufwachsen. Bei stärkerer Frosteinwirkung sterben befallene Pflanzen über Winter ab.

Biologie: Ab September fliegt der Käfer den Raps an und legt seine Eier in die Basis der Blattstiele ab. Die Eiablage wird verzettelt während des ganzen Winters in frostfreien Perioden fortgesetzt. Die Larven dringen von den Blattstielen bis in den Bereich unter dem Vegetationskegel vor und zerstören diesen. Im Laufe des April wandern die Larven zur Verpuppung in den Boden ab. Die Jungkäfer erscheinen im Juni und halten bis September Sommerruhe.

Bekämpfung: Die Bekämpfung erfolgt termin- und präparatemäßig wie beim Rapserdfloh. Anflugüberwachung durch Gelbschalenkontrolle ist Voraussetzung.

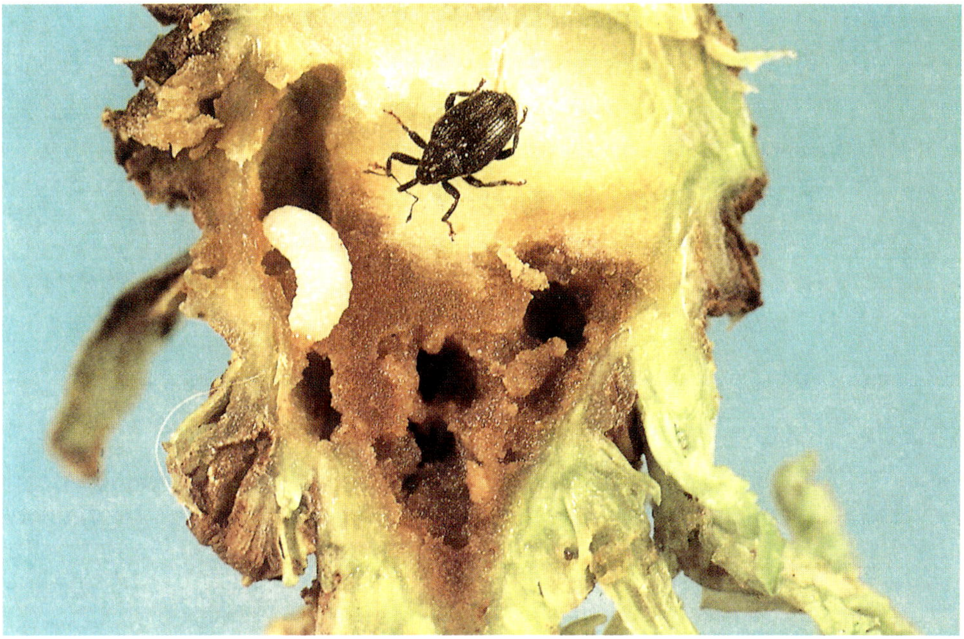

Schwarzer Kohltriebrüssler, Käfer und Larve im Wurzelkopf

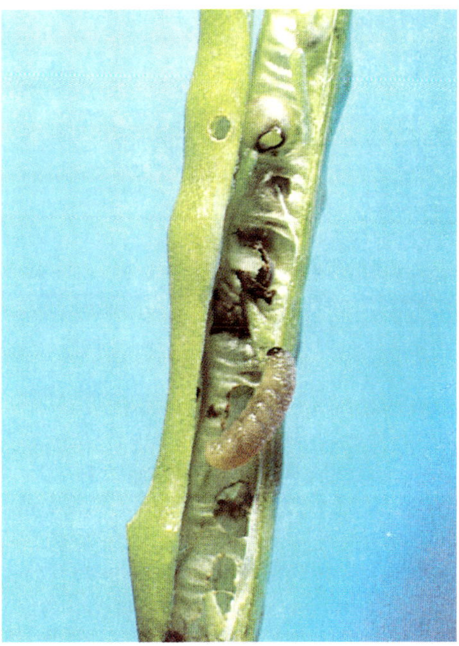

Schotenrüsslerlarve in Rapsschote

Kohlschotenrüssler auf Rapsschote

44.1 Rübsenblattwespe

Athalia rosae

Bedeutung: In allen Anbaulagen an Zwischenfruchtraps häufig und dort bei warmer Herbstwitterung oft stark schädigend. Schäden an Winterraps seltener und meist für die Ertragsbildung bedeutungslos. Viele Wirtspflanzen.

Schadbild: An Blättern junger Pflanzen Loch- bis Kahlfraß durch zunächst graugrüne, dann schwarze Larven mit 3 Paar Brust- und 7 Paar Bauchbeinen.

Biologie: Die erste Blattwespengeneration erscheint im Mai und bleibt am Raps ohne Bedeutung. Die zweite Generation legt im August Eier an auflaufenden Raps ab. Die gefräßigen schwarzen Larvenstadien schädigen ab Ende August. Bei trockenem, warmem Septemberwetter kann innerhalb weniger Tage Totalschaden entstehen und eine dritte Generation auftreten.

Bekämpfung: Jugendwachstum des Rapses fördern. Bei Futternutzung ist Behandlung mit Fraß- und Kontaktinsektiziden sinnvoll, wenn die Bekämpfungsschwelle von 1 Larve/Pflanze überschritten wird. Wartezeiten der Präparate beachten. Bei Gründüngungsraps nicht bekämpfen!

44.2 Rapserdfloh

Psylliodes chrysocephala

Bedeutung: In Norddeutschland weit, in Süddeutschland nur lokal verbreitet. Bei starkem Herbstbefall wird die Auswinterung des Rapses stark gefördert.

Schadbild: Im Herbst verursacht der Käfer oft nur unbedeutenden Lochfraß am Blatt. Von Herbst bis Frühjahr Larvenfraß in den Blattstielen bis in den Haupttrieb.

Biologie: Der Käfer fliegt im September Jungraps an und legt vom Herbst bis Frühjahr Eier in den offenen Boden ab (bis 6 °C). Schlüpfende schwarzköpfige Larven bohren sich bevorzugt in Blattstengel ein. Dort Gangfraß, der zum vorzeitigen Absterben der Blätter führt. Im Haupttrieb Verwechslungsmöglichkeit mit braunköpfigen Larven der Stengelrüsslerarten. Wegen der langen Eiablagezeit finden sich meist Larven in unterschiedlichen Entwicklungsstadien.

Bekämpfung: Förderung des Jugendwachstums des Rapses durch Optimierung von Saatbettbereitung und Düngung. Zertifiziertes Saatgut bereits mit Insektizid inkrustiert. Nur bei starkem Anflug im Herbst (Gelbschalenkontrolle) zusätzliche Behandlung mit Kontaktinsektiziden notwendig. Bekämpfungsschwelle: 3-5 Larven pro Pflanze.

Larve der Rübsenblattwespe

Fraßschäden durch Blattwespenlarven

Rapserdfloh mit Fraßloch im Blatt

Larven des Rapserdflohs im Blattstiel

45.1 Mehlige Kohlblattlaus

Brevicoryne brassicae

Bedeutung: In allen Anbaugebieten nur jahrgangsweise von Bedeutung. In »Blattlausjahren« können Schäden jedoch beträchtlich werden.

Schadbild: Dichte Kolonien grau-grüner, mehlig bestäubter Läuse an Blattunterseiten im Herbst (2- bis 4-Blatt-Stadium) oder an oberen Triebteilen nach Abblühen des Rapses. Im Sommer stirbt Triebspitze mit Gipfelschoten über der Kolonie ab. In günstigen Jahren breitet sich die Kolonie rasch über die ganze Pflanze sowie nesterweise über die Nachbarpflanzen aus. Dabei werden Schotenansatz und TKG spürbar gemindert; viele Kümmerschoten.

Biologie: Anflug der Läuse setzt im 2- bis 4-Blatt-Stadium bzw. bei Vollblüte des Rapses ein. Trockenwarme Witterung im Sept./Okt. bzw. Mai/Juni fördert starke Vermehrung. Bei Reife des Rapses beginnt natürlicher Zusammenbruch der Kolonien, z. T. auch auf Grund starker Parasitierung durch Schlupfwespen.

Bekämpfung: Nur bei frühzeitiger Besiedlung und rascher Kolonienausweitung notwendig. Feldrandbehandlung reicht oftmals völlig aus. Nur bienenungefährliche Blattlauspräparate einsetzen. Kombination mit Bekämpfung der Weißstengeligkeit nicht sinnvoll.

45.2 Kohlschotenmücke

Dasyneura brassicae

Bedeutung: Überall anzutreffen, ertragsbeeinflussende Bedeutung aber nur in Verbindung mit dem Kohlschotenrüssler als Wegbereiter.

Schadbild: Bei Ausbildung der ersten Schoten vergilben vereinzelt Schoten mit unregelmäßigem Dickenwachstum. Im Inneren zahlreiche zuerst glasige, dann weiß-gelbe, kopflose Larven. Schließlich öffnet sich die befallene Schote lange vor der natürlichen Abreife und verliert Korninhalt.

Biologie: Larve überwintert im Rapsfeld des Vorjahres, Mücke fliegt von dort nur kurze Strecken und besiedelt neues Feld zunächst vom Feldrand aus. Lebensdauer der Mücke 1-2 Tage. Bei Eiablage in größeren Schoten ist die Mücke auf die vorausgehende Fraßtätigkeit des Schotenrüsslers angewiesen. Larven scheiden beim Saugen Toxine aus, die zum Vergilben der Schoten führen. Pro Jahr erscheinen 2-3 Generationen, letzte am Sommerraps.

Bekämpfung: Kontrolle des Anfluges sehr schwierig. Maßnahmen nach örtlicher Erfahrung ausrichten, besonders in Windschattenlagen. Nur bienenungefährliche Präparate einsetzen.

Kolonie der Mehligen Kohlblattlaus

parasitierte Mehlige Kohlblattläuse

Schotenschäden durch Kohlschotenmücke

Larven der Mücke in der Schote

46 Ackerschnecken

Deroceras reticulatum, D. agreste
Arion distinctus, A. fasciatus

Bedeutung: Mit Ausdehnung des Anbaus von Raps, Zwischenfrüchten und der Rotationsbrache sowie der Mulchsaat hat die Bedeutung der Ackerschnecken vor allem im Raps aber auch in Rüben und anderen Ackerkulturen zugenommen. Bei starkem Befall oft großflächige Fehlstellen in den Kulturen, die Umbruch und Neuansaat erforderlich machen.

Schadbild: Blätter werden »abgeraspelt«, unregelmäßiger Loch- oder Blattrandfraß, stärkere Blattadern bleiben stehen. Bei starkem Befall Zerstörung der Pflanzen, vor allem der Keimpflanzen. Bei Rüben tritt bei Spätbefall gelegentlich auch Lochfraß am Rübenkörper auf. Die Tiere sind bei trockener Witterung vorwiegend nachtaktiv, bei feuchter Witterung auch am Tag, hinterlassen Schleimspuren auf den Blättern.

Biologie: Unter den vier genannten Nacktschnecken dominiert häufig *D. reticulatum*, die Genetzte Ackerschnecke, mit folgenden Merkmalen: ca. 50 – 65 mm lang, schuppenartiger Schild und netzartige Zeichnung auf dem Rücken, Färbung gelblichweiß, grau oder rötlichbraun mit dunklen bis fast schwarzen Punkten, Sohle hellbraun. *A. fasciatus* ist ähnlich, aber mit dunklen Längsstreifen. Die graue Ackerschnecke *D. agreste* ist etwas kleiner als *D. reticulatum,* gelblich bis hellbraun, ohne dunkle Fleckung und Zeichnung. Fast alle Kulturpflanzen werden geschädigt, u. U. schon im Herbst. Eiablage der Schnecken vom Frühjahr bis Herbst in kleine Erdlöcher oder verrottende organische Substanz; runde, glashelle Eier in Gelegen von 10 – 30 Stück. Schlupf nach etwa 3 – 4 Wochen. Geschlechtsreife der Zwitter schon nach ca. 6 Wochen, Lebensdauer 6 – 8 Monate. Überwinterung als Ei oder als Schnecke. Besonders in feuchten Jahren und nach milden Wintern starke Vermehrung.

Bekämpfung: Rückverfestigung des Bodens nach dem Pflügen bringt Teilerfolge. Besonders bei Mulchsaat von Raps oder Rüben genaue Beobachtungen erforderlich (Köderverfahren, Ansammlungen unter nassem Jutesack). Bei Überschreiten der Bekämpfungsschwelle (10 % der Pflanzen mit Fraßschäden) Anwendung von Schneckenkorn. Bei starkem Auftreten bzw. hoher Befallswahrscheinlichkeit in Raps Ausbringung des Schneckenkornes möglichst drei Tage vor der Saat auf grobscholligem Boden.

großflächige Fraßschäden durch Ackerschnecken

Ansammlung von Ackerschnecken

Ackerschnecke *A. fasciatus*

Genetzte Ackerschnecke *D. reticulatum*

47.1 Kohlhernie

Plasmodiophora brassicae

Bedeutung: Auftreten nur örtlich begrenzt, bevorzugt auf leichteren Böden mit niedrigem pH, dort aber erhebliche Schäden möglich.

Schadbild: Im Herbst zeigen sich bei Wärme nesterweise Welke- und Vergilbungserscheinungen. An Haupt- und Nebenwurzeln bilden sich knollenförmige Verdickungen mit zunächst weißem, dann braunem, verrottendem Gewebe. Pflanzen sterben selten völlig ab, bringen aber kaum Ertrag.

Biologie: Pilz bildet viele Jahre lebensfähig im Boden verbleibende Dauersporen. Beim Anbau von Kruziferen schlüpfen Schwärmsporen, die die Wurzeln infizieren und zu den Gewebewucherungen führen. Bei deren Zerfall erfolgt Freisetzung neuer Sporen. Saurer pH im Boden und Luftmangel fördern Sporenkeimung und Infektion.

Bekämpfung: Keine Kruziferen als Zwischenfrüchte anbauen. Sorgfältige Unkrautbekämpfung. Weitgestellte Fruchtfolge. Aufkalken des Bodens auf pH 6,5-7 zur Verhinderung der Sporenkeimung. Erfahrungen mit feldresistenten Sorten sind örtlich sehr unterschiedlich. Keine chemische Bekämpfung möglich.

47.2 Ringfleckenkrankheit

Mycosphaerella brassicicola

Bedeutung: Die Krankheit kann epidemiehaft in Gebieten auftreten, in denen sich intensiver Kohlanbau mit Winterraps überlagert.

Schadbild: Auf den Blättern finden sich zunächst runde bräunliche Flecken, die sich zunehmend graubraun verfärben und mit einem dunkleren Rand umgeben sind. Bei höherer Infektionsdichte fließen die Flecken zusammen und bringen befallene Blätter zum Absterben. Die Befallsstellen weisen eine große Zahl winziger schwarzer Sporenbehälter auf, die ringförmig auf den Flecken angeordnet sind. Der Befall kann bei längerer Infektionszeit auch auf Triebe und Schoten übergehen. Verwechslungsmöglichkeit mit *Phoma lingam.*

Biologie: Der Pilz überdauert an Pflanzenresten. In den Hauptbefallsgebieten erfolgt ein kontinuierlicher Übergang von Kohl auf Raps und wieder auf Kohl. Die Ausbreitung des Erregers im Bestand wird über Askosporen durch Wind und Regen ermöglicht. Längere Perioden kühlfeuchter Witterung fördern das Krankheitsgeschehen. Die Verbreitung der Krankheit über Saatgut konnte bisher nicht nachgewiesen werden.

Bekämpfung: Räumliche Trennung von Raps und Kohl! Werden andere Pilzkrankheiten in Raps chemisch bekämpft, wird *Mycosphaerella* z. T. miterfasst.

Wurzelwucherungen der Kohlhernie

Schotenbefall durch *M. brassicicola*

Blattbefall durch *M. brassicicola*

48 Wurzelhals- und Stengelfäule

Phoma lingam (Leptosphaeria maculans)

Bedeutung: In allen Anbaulagen zu finden. Schäden schwanken je nach Sorte und Jahrgang von unbedeutend bis stark. Ernteerschwernis durch Lager.

Schadbild: Im Herbst scharf begrenzte Blattflecken mit hellem Zentrum, auf denen winzig kleine schwarze Sporenbehälter (Pyknidien) erkennbar werden. Am Wurzelhals dunkelbraune bis schwarze Vermorschungen, die fleckenweise bis stengelumgreifend das Rindengewebe erfassen und den Wurzelhals einschnüren. Blätter verfärben sich rot-violett. Im Frühjahr dehnt sich der Befall am Wurzelhals nach oben und unten weiter aus. An jüngeren Blättern gleichfalls Fleckenbildung. Am Stengel entstehen bis an die Schoten weitere Befallsstellen, vorwiegend an Verletzungsstellen durch Stengelrüssler und Rapserdflöhe sowie an Frostrissen und Verletzungen in Fahrspuren. Nekrosen sind typisch schwarz umrandet. Im Endstadium kann die Wurzel gelegentlich völlig vermorschen. Vielfach knickt die notreife Pflanze am Wurzelhals oder an den Stengelnekrosen ab. Die Schoten vertrocknen und öffnen vorzeitig. Notreife Pflanzen ragen über den sich neigenden Bestand hinaus. Herbst- und Frühjahrsbefall am Wurzelhals führen in der Regel zu stärkeren Schäden als späterer Stengelbefall.

Biologie: Der Pilz hat viele Wirtspflanzen, besonders Kruziferenarten. Er überdauert mehrere Jahre im Boden an befallenem Rapsstroh, vor allem an Resten des Wurzelhalses, die sich besonders langsam zersetzen. Auf den Pflanzenrückständen werden Pyknidien und Pseudothecien mit Askosporen gebildet. Angewehte Askosporen, mit Spritzwasser verteilte Pyknosporen oder vom Saatgut ausgehender Befall verursachen im Herbst erste Infektionsstellen. Auf diesen werden die schwarzen Pyknidien gebildet, aus denen erneut Sporen in großer Zahl entlassen werden. Infektionsmöglichkeiten bestehen deshalb fortwährend von der Saat bis zur Ernte. Die Blattflecken bleiben relativ klein und beeinflussen kaum das Rapswachstum. Der Pilz kann sich aber von den Blättern latent bis zum Wurzelhals ausbreiten und dringt dort tief in das Gewebe ein. Damit werden Leitungsbahnen unterbrochen und die Wasser- und Nährstoffversorgung beeinträchtigt.

Bekämpfung: Weite Fruchtfolgestellung und Verzicht auf pfluglose Bodenbearbeitung bringt wenig Erfolg. Zweckmäßigste Maßnahme ist der Anbau widerstandsfähiger Sorten. Bekämpfung von Erdflöhen und Stengelrüssler verringert die Zahl der Infektionsstellen. Chemische Bekämpfungsmöglichkeiten sind bei der langen Infektionszeit hinsichtlich Wirkung und ökonomischem Erfolg kaum kalkulierbar. Bei starkem Befall nach Aufgang im Herbst kann eine Doppelbehandlung im Herbst und zeitigen Frühjahr erfolgreich sein, ist allerdings meistens unwirtschaftlich.

Phoma lingam, Blattfleck mit Pyknidien

Phoma lingam, Wurzelhalsnekrosen

Phoma lingam an Stengelbasis

Phoma lingam, Stengelbasisbefall

49 Weißstengeligkeit

Sclerotinia sclerotiorum

Bedeutung: Diese bisher als »Rapskrebs« bezeichnete Krankheit ist in allen Anbaugebieten zu finden. Stärkere Schäden in küstennahen Gebieten oder Talsenken mit hoher Luftfeuchtigkeit. Schadausmaß von Jahr zu Jahr und Feld zu Feld stark schwankend! Ertragsminderungen bis über 30 % möglich, aber nur relativ selten.

Schadbild: Ab Ende April verfärben sich handbreite Partien am Stengel und an Seitenästen fahlgelb bis weiß. Die Rinde ist bastartig abzuheben. Im Stengelinneren wuchert zunächst watteartiges Pilzmyzel, das sich zunehmend klumpenförmig zusammenzieht und schließlich in schwarze, unregelmäßig geformte Dauerkörper (Sklerotien) verdichtet ist. Bei anhaltend feuchter Witterung liegen Myzel und Sklerotien auch außen am Stengel auf. Häufig gehen Infektionen von Verzweigungsstellen des Stengels aus. Bei Schotenbefall können in den Schoten kleine Sklerotien gebildet werden. Bei frühzeitigem Stengelbefall sterben die Pflanzenteile über den Befallsstellen vorzeitig ab; Schoten werden nur unvollkommen ausgebildet, das TKG wird verringert, notreife Pflanzen überragen den sich bei der Reife neigenden Bestand.

Biologie: Der Pilz besitzt ein sehr umfangreiches Wirtsspektrum von Kultur- und Wildpflanzen. Er bleibt über mehrere Jahre im Boden in Form seiner Sklerotien lebensfähig. Aus den nur wenige Zentimeter unter der Bodenoberfläche liegenden Sklerotien keimen millimetergroße hellbraune, schüsselförmige Sporenträger (Apothezien), von denen Sporen abgeschleudert werden. Diese infizieren Blätter und Stengel. Besonders häufig erfolgt die Infektion an Verzweigungen des Stengels und in den Blattachseln, wo sich Blütenblätter abgelagert haben. Askosporenkeimung und Infektion werden durch Wärme (optimale Temperatur 10-15 °C) und Wechselfeuchte gefördert. Bei Trockenheit unterbleibt Apothezienbildung, bei Dauerregen werden gebildete Sporen rasch wieder abgewaschen.

Bekämpfung: Zur Minderung des Sklerotienbesatzes im Boden Raps nur in vierjährigem Abstand anbauen. Durch den Einsatz des pilzlichen Antagonisten *Coniothyrium minitans* können die Sklerotien im Boden teilweise zerstört werden. Sortenunterschiede in der Anfälligkeit sehr gering. Bodenfeuchte Standorte meiden. Chemische Maßnahmen bringen sehr unterschiedliche Ergebnisse. Bester Behandlungstermin im Stadium 65 bei abfallender Blüte. Die Anlage von Sklerotiendepots zur Ermittlung des Termins der Apothezienbildung hat sich bewährt, obwohl diese allein nicht mit Sicherheit eine bekämpfungswürdige Infektion nach sich ziehen muss. Örtliche Erfahrungen in Bezug auf Krankheitsauftreten und Bekämpfungserfolge nutzen. Die Anlage von Fahrgassen erweist sich als zweckmäßig. Eine gesicherte Wirtschaftlichkeit von Bekämpfungsmaßnahmen setzt erst bei einem Befall von deutlich über 20 % ein.

Befall in Blattachsel

»Weißstengeligkeit«

Apothezien von S. *sclerotiorum*

50.1 Rapsschwärze

Alternaria brassicae

Bedeutung: In allen Anbaulagen vorhanden, aber nur bei regenreichen Wochen mit höherem Wärmeangebot vor der Ernte ertragsbeeinflussend.

Schadbild: Im Herbst schon an Keim- und Laubblättern bis 1 mm kleine, braune Flecken. Später am Stengel, an Seitenästen und Schoten scharf begrenzte, tiefschwarze bis 1 cm große Flecken, die auch zusammenfließen, oft mit weißem Zentrum. Befallene Schoten schrumpfen und platzen bei wechselfeuchtem Wetter vorzeitig auf.

Biologie: Der Pilz entwickelt sich bei feuchter Witterung bevorzugt an abreifenden Gewebeteilen, die beschleunigt altern. Sporenausbreitung durch Wind und Regen. Überwinterung an befallenem Rapsstroh und Saatgut. Kohlarten und kreuzblütige Unkräuter sind weitere Wirtspflanzen.

Bekämpfung: Sorgfältiges Unterpflügen aller Pflanzenreste. Bei spätem Befallsausbruch kann frühzeitige Ernte Ertragsverluste mindern. Chemische Bekämpfung ist technisch kaum noch möglich. Nachwirkungen einer Bekämpfung der Weißstengeligkeit hinsichtlich ihres Erfolges nicht kalkulierbar.

50.2 Grauschimmelfäule

Botrytis cinerea

Bedeutung: In allen Anbaulagen anzutreffen, jedoch nur in feuchten Jahren örtlich begrenzt zur Reife spürbar schädigend. Meist Einzelpflanzenausfall.

Schadbild: Früher Befall an Einzelpflanzen in der Phase der Stengelstreckung: Auf bräunlichen, dann aufhellenden Befallsstellen am Stengel entsteht grauer stäubender Pilzrasen. Pflanzen bleiben im Wachstum zurück, lassen Triebspitzen hängen, vergilben, brechen um und gehen vorzeitig ohne Kornausbildung ein. Späterer Befall kann Blüten schädigen und bildet auf Schoten grauen Pilzrasen. Schoten schrumpfen leicht und platzen vorzeitig auf. Häufig Mischinfektionen.

Biologie: Der Pilz besitzt viele Wirtspflanzen und ist allgegenwärtig. Befall wird durch reichliche Feuchte und höheres Wärmeangebot gefördert, z. B. in windgeschützten Lagen und bei Schwächung infolge frühzeitigen Lagers.

Bekämpfung: Meidung feuchter Anbaulagen. Chemische Bekämpfung derzeit kaum möglich. Bei starkem Befall kann unterschiedliche Abreife durch Krautabtötung z. T. ausgeglichen werden.

Alternaria brassicae, Stengelbefall

Alternaria, Stengel- und Schotenbefall

Botrytis, Einzelpflanzenbefall

Botrytis, Schotenbefall

51 Cylindrosporiose

Cylindrosporium concentricum

Bedeutung: Diese Krankheit – auch Weißfleckenkrankheit genannt – tritt nur in Jahren mit durchgehend milder Witterung im Herbst und im Winter sowie anschließend feucht-kühlem Wetter im Frühjahr deutlicher in Erscheinung. Sie ist in Großbritannien die wichtigste Rapskrankheit. In Norddeutschland bisher größere Bedeutung als in Süddeutschland. Während Schäden an den Pflanzen infolge des Befalls eindeutig erkennbar werden, lassen sich Ertragsverluste nur sehr schwierig dieser Krankheit zuordnen.

Biologie: Der Pilz *Cylindrosporium* überdauert an Rapsstoppeln, an Ausfallraps und kreuzblütigen Unkräutern. Die Infektion des auflaufenden Rapsbestandes erfolgt in erster Linie über durch Wind verbreitete Sporen. Im weiteren Verlauf der Infektion tragen Wind und Regenspritzer die Sporen von Pflanze zu Pflanze weiter. In der Regel übersteht der Pilz keine ausgeprägten Frostperioden im Winter. Nach günstigen Startbedingungen in einem kühl-feuchten Herbst kann sich der Pilz dagegen in einem milden frostfreien Winter intensiv entwickeln und sich in einem nachfolgend feuchten Frühjahr rasch im Bestand ausbreiten. Dichter Rapsanbau in der Anbaulage und in der Fruchtfolge kann bei entsprechendem Wetterablauf die Infektionsintensität stark fördern.

Schadbild: Auf den Ober- und Unterseiten der Blätter entstehen zunächst sehr kleine weiße Blattflecken, die sich zunehmend vergrößern, ineinander fließen, sich bräunlichgrau verfärben und schließlich das befallene Blattgewebe zum Absterben bringen. Blattflecke sind häufig mit weißlichen, punktförmigen Sporenlagern umrandet. Abgestorbene Blätter fallen meist nicht ab, sondern bleiben am Stengel hängen. Gekrümmte, sichelförmige Blätter entstehen, wenn der Befall nur eine Seite der Blattspreite oder der Mittelrippe erfasst. An den Stengeln treten in Längsrichtung langgestreckte bräunlich-schwarze Flecken mit hellerem Zentrum auf, die mit Querrissen versehen sein können. An den Schoten führt die Infektion zu unscharf begrenzten bräunlichen Flecken und zu ungleichmäßigem, verdrehtem Wuchs.

Bekämpfung: Zur Unterbrechung der Infektionskette von einer Vegetationsperiode zur anderen ist eine sorgfältige Beseitigung von Stoppelresten und aufgelaufenem Ausfallraps durch saubere Pflugarbeit dringend erforderlich. In gefährdeten Anbaulagen kann durch Nutzung unterschiedlicher Sortenanfälligkeit die Befallsintensität gemindert werden. Zu dicht gesäte Bestände mit schwachen Einzelpflanzen scheinen anfälliger zu sein. Der Einsatz von Fungiziden wird überflüssig, wenn der Erreger bei Frost im Winter abstirbt. Im Frühjahr erkennbare Infektionen können noch abgebremst werden.

Cylindrosporium –
Blattflecken zu Befallsbeginn

Cylindrosporium –
fortgeschrittener Blattbefall

längs aufgerissene Infektionsstellen

quer aufgerissene Infektionsstellen

52 Rapswelke

Verticillium dahliae

Bedeutung: Diese Fruchtfolgekrankheit ist in allen Gebieten mit intensiverem Rapsanbau zu finden, sie kann vor allem in Norddeutschland große Schäden verursachen. Ihre wirtschaftliche Bedeutung läßt sich allerdings im Einzelfall nur sehr schwer abschätzen, da sie meist vergesellschaftet mit der Wurzelhalsfäule oder der Weißstengeligkeit auftritt. Ertragsverluste bis zu 25 % wurden aus stark verseuchten Schlägen bekannt.

Schadbild: Da der Pilz innerhalb der Pflanze eine lange Entwicklungszeit benötigt, treten erste Symptome erst relativ spät auf. Zunächst werden am Stengel in Längsrichtung von oben nach unten erst gelbliche, dann graubraune, streifige Gewebeverfärbungen erkennbar, die auch auf die Seitentriebe übergehen. Vereinzelt sterben Blätter halbseitig ab. Befallene Pflanzen werden notreif. Zu diesem Zeitpunkt finden sich unter der Außenhaut des Stengels winzig kleine, dicht stehende schwarze Dauerkörper (Mikrosklerotien) in sehr großer Zahl (bei *Phoma* sind diese größer und stehen nicht so dicht – Unterscheidung nur mit Lupe möglich!). Von der Basis nach oben fortschreitend nimmt der Stengel eine graue Färbung an, insbesondere, wenn die äußere Rindenschicht abgehoben wird. Die Verfärbung tritt auch an der Wurzel auf, die stark geschädigt ist und kaum noch Seitenwurzeln bildet. Die typische Verfärbung der Leitbündel im Stengel ist nur mit Hilfe eines optischen Gerätes erkennbar.

Biologie: Der Pilz überdauert jahrelang mit Hilfe der Mikrosklerotien im Boden. Da *Verticillium* zahlreiche Kultur- und Unkrautarten befällt, bleibt ein infiziertes Feld auf lange Zeit verseucht. Der Pilz infiziert die Pflanze vom Boden aus und wächst in den Leitbahnen sprossaufwärts in alle entstehenden Pflanzenteile. Mit Absterben des befallenen Gewebes nimmt die Bildung der schwarzen Mikrosklerotien im Rindengewebe und im Stengelmark zu. Zu den stärksten Schäden kommt es, wenn durch höhere Bodenfeuchtigkeit im Frühjahr die Infektionen gefördert werden und bei Hitze im Frühsommer die Welkeerscheinungen an den Pflanzen rasch und heftig um sich greifen.

Bekämpfung: Wichtige Maßnahmen zum Eindämmen des Befalls sind saubere Pflugarbeit und Förderung des Bodenlebens zur raschen Rotte der befallenen Pflanzenreste. Anbauabstände von 3-4 Jahren in der Fruchtfolge sowie sorgfältige Unkrautbekämpfung in der gesamten Fruchtfolge können das Angebot an infizierbaren Pflanzenarten mindern. Unterschiede in der Toleranz von Sorten gegenüber dem Pilz sind gelegentlich zu beobachten, lassen sich aber noch nicht mit größerer Sicherheit nutzen. Eine chemische Bekämpfung kommt derzeit nicht in Betracht.

Verticillium, Mikrosklerotien unter der Stengelrinde

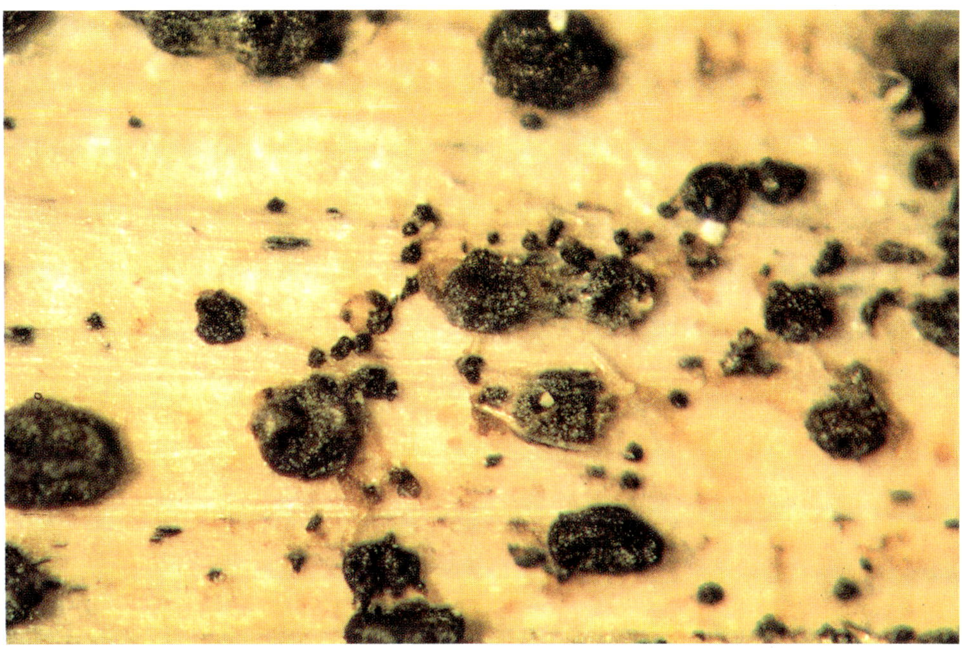

kleine *Verticillium*-Sklerotien, große *Phoma*-Pyknidien

53 Schwarzbeinigkeit und Knollennassfäule

Erwinia carotovora var. *atroseptica, carotovora, chrysanthemi*

Bedeutung: In Jahren mit sehr feuchter Witterung während der Vegetation können die Schäden im Bestand durch Schwarzbeinigkeit bei anfälligen Sorten 30 % und mehr betragen. Bei unsachgemäßer Lagerung kann auch bei latentem Befall durch schnelle Ausbreitung der Knollennassfäule Totalverlust eintreten. Beschädigung der Knolle fördert Befall.

Schadbilder: a) Schwarzbeinigkeit: Erste kranke Stengel können schon während des Auflaufens beobachtet werden. Der befallene Stengel ist im Bereich des Bodens bis einige Zentimeter über der Erdoberfläche schwärzlich angefault, er kann leicht herausgezogen werden, da fast keine Wurzeln vorhanden sind. Die Oberfläche des befallenen Stengels ist immer feucht und matschig. b) Nassfäule: Nassfäule tritt bereits an den Knollen im Feld, häufig aber erst im Lager auf. Das Knollenfleisch zerfällt in eine breiige, feuchte Masse, während die Schale erhalten bleibt. Feuchte oder nasse Gewebepartien sind ein sicheres Anzeichen für Befall durch Bakterien.

Biologie: Die Erreger sind Bakterien der Gattung *Erwinia.* Sie werden durch Knollen, die sichtbare Symptome zeigen und/oder Erreger, die an einer noch gesunden Schale oder in einem Auge haften, übertragen. Bearbeitungsmaßnahmen tragen zur Ausbreitung im Bestand bei. Die Bakterien können die Knolle vor allem über Verletzungen durch Ernte, Transport, Aufbereitung und Pflanzung befallen. Ihre Vermehrung wird durch Wasser bzw. hohe Luftfeuchtigkeit begünstigt.

Bekämpfung: Eine chemische Bekämpfung der Bakterien ist z. Z. nicht möglich. Vorbeugende Maßnahmen können den Befall entscheidend senken. Ernte, Transport, Aufbereitung und Pflanzung nach Möglichkeit ohne Beschädigung durchführen. Steine auslesen, Roder richtig einstellen, Fallstufen möglichst niedrig halten. Bei der Einlagerung der Knollen muss der Stapel innerhalb von 24 Std. trockengeblasen werden. Kondenswasserbildung auf den Knollen ist während der Lagerung unbedingt zu vermeiden, faule Knollen bei jedem Arbeitsgang entfernen. Da der Erreger im Boden nicht lange überleben kann, ist der Zukauf gesunden Pflanzgutes von entscheidender Bedeutung für die Qualität des Erntegutes. Muss mit Befall gerechnet werden, kann das geteilte Ernteverfahren – Roden, Abtrocknen, Aufsammeln – einen entscheidenden Beitrag zur »Rettung« der Partie bringen. Neben der Jahreswitterung und dem Umgang mit dem Erntegut spielt die Anfälligkeit der Sorte eine große Rolle für die Stärke des Befalls, offenbar werden schalenfeste Sorten weniger befallen.

schwarzbeinige Staude im Bestand

Anfangsbefall durch dunkle Verfärbung des Stengels sichtbar

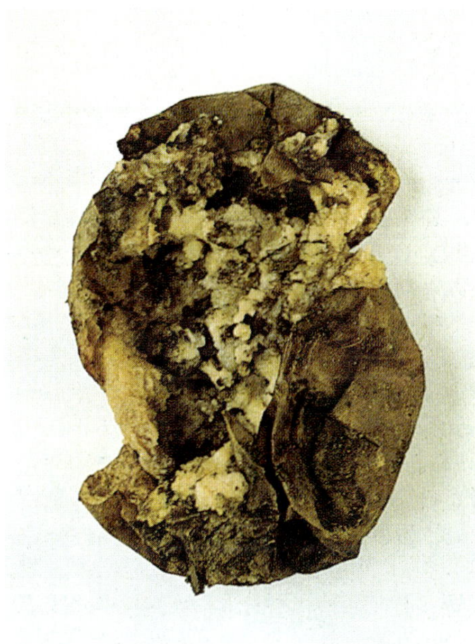

nassfaule Knollen

54 Wurzeltöterkrankheit

Rhizoctonia solani

Bedeutung: Tritt in fast allen Anbaulagen auf. Durch Beeinflussung des Aufganges, der Kartoffelqualität, vor allem bei Speisekartoffeln, durch schwarze Pocken auf der Schale und Minderung des Ertrages – kleine missgebildete Grützeknollen – können bei Einzelpflanzen bis zu 100 %, im Feldbestand bis zu 50 % Verluste entstehen. Bei Mischinfektionen mit Schwarzbeinigkeit und auf bestimmten Böden sind größere Schäden möglich.

Schadbild: Ungleichmäßiger Auflauf und Fehlstellen im Bestand. Die Kartoffeltriebe sterben teilweise schon im Boden ab. Durchstoßen sie den Boden, sind verschiedene Stellen am Stengel verfärbt. Infizierte Pflanzen bleiben häufig im Wuchs zurück und bilden nur wenige Stengel aus. Am Stengelgrund findet sich ein grau-weißer Schimmelbelag – Weißhosigkeit. Die Fiederblätter an der Triebspitze der Kartoffelpflanzen sind hell bis gelblich verfärbt und leicht eingerollt – Wipfelrollen.
An den Knollen bilden sich im Spätsommer oder Herbst schwarzbraune Sklerotien, die auch als *Rhizoctonia*-Pocken bezeichnet werden. Befallene Stauden produzieren außerdem verstärkt viele kleine und missgebildete Knollen.

Biologie: Der Pilz hat zahlreiche Wirtspflanzen und kann sich besonders auf leichten, sandigen Böden gut entwickeln. Mit Hilfe der Sklerotien (Dauergewebe) kann der Erreger mehrere Jahre im Boden überleben. Befallenes Pflanzgut stellt die wichtigste Infektionsquelle dar, obwohl der Befall auch nur vom Boden ausgehen kann. Für die Ausbreitung der Infektion im Boden sind ein hoher Humusgehalt, Strohdüngung sowie stärkerer Unkrautbesatz günstig.

Bekämpfung: Befallenes Pflanzgut meiden. Wenn es aber befallen ist, unbedingt chemisch behandeln. Nicht zu tief pflanzen bzw. die Dämme zunächst nur flach ziehen. Gesundes und in Keimstimmung befindliches Pflanzgut in lockeren erwärmten Boden pflanzen, hilft stärkeren Befall vermeiden. Beizung des Pflanzgutes mit chemischen Mitteln. Auf befallenen Böden und auf Standorten mit guten Lebensbedingungen für den Pilz auch dann chemisch behandeln, wenn das Pflanzgut gesund ist. Sowohl die Behandlung der Knollen in den Kisten als auch beim Füllen der Legemaschine führt bei geschickter Verteilung der Beize zu befriedigenden Bekämpfungserfolgen. Die Aufbringung konzentrierter Flüssigkeiten mit Rotationszerstäubern hat sich besonders bewährt, weil die Verteilung besser und die Staubbelastung geringer ist.

Sklerotien auf Knollen

Weißhosigkeit am Stengelgrund

missgebildete kleine Knollen

55.1 Kartoffelschorf

Streptomyces scabies

Bedeutung: Schorfbefall beeinträchtigt vor allem die Qualität von Kartoffeln. Schon schwach befallene Partien sind als Speisekartoffeln unverkäuflich. Die Auswirkungen auch stärkeren Befalls auf den Ertrag sind gering. Jahreswitterung, Standort und Sorte sind entscheidend für den Befall.

Schadbild: Ist nur die äußere Schale zerstört, spricht man von Flach- oder Netzschorf. Kommt es unter den Schadstellen zur Bildung neuen Gewebes, so dass diese Stellen hervortreten, wird von Buckelschorf gesprochen. Sinkt infolge eines Befalls das Knollengewebe kraterförmig ein, bezeichnet man dies als Tiefschorf.

Biologie: Die Pilze entwickeln sich besonders gut bei pH-Werten von über 6 und Trockenheit in den Monaten Juni/Juli. Der Befall erfolgt vom Boden aus über die Atemöffnungen der sich bildenden Kartoffelknolle. Mit dem Wachstum der Knolle vergrößert sich dann die Befallsstelle.

Bekämpfung: Aufkalkung des Bodens nach dem Kartoffelanbau durchführen. Physiologisch saure Düngemittel einsetzen. Düngung mit Mangan und Bor. Beregnung z. Z. des Knollenansatzes. Wahl weniger anfälliger Sorten.

55.2 Trockenfäule

Fusarium spp.

Bedeutung: Die Krankheit kann Lagerverluste und Auflaufschäden verursachen, sofern befallenes Pflanzgut verwendet wird.

Schadbild: Befallener Teil der Knolle schrumpft unter Bildung von ringförmigen Falten. Befallene Knollen vertrocknen und bilden harte »Mumien«. Auf Befallsstelle bildet sich ein weißlicher, rosafarbener oder bräunlicher Pilzbelag. Aufgeschnittene Knollen lassen ein hell- bis dunkelbraunes, zersetztes Gewebe erkennen, das unscharf in das gesunde Gewebe übergeht. Das befallene Gewebe ist im Gegensatz zur Nassfäule (Bakterieninfektion) hart und trocken (Pilzbefall).

Biologie: Erreger sind Pilze der Gattung *Fusarium* in Erde und Lagerstaub. Sie können die Knolle nur über Verletzungen befallen. Temperaturen von 15-20 °C fördern die Ausbreitung der Fäule.

Bekämpfung: Vermeidung von Verletzungen während der Ernte, Lagerung, Aufbereitung und Pflanzung. Chemische Bekämpfung direkt auf dem Roder oder Fördereinrichtungen mittels besonderer Geräte ohne Wasserzusatz.

oben links: Netzschorf, rechts: Flachschorf,
unten links: Buckelschorf, rechts: Tiefschorf

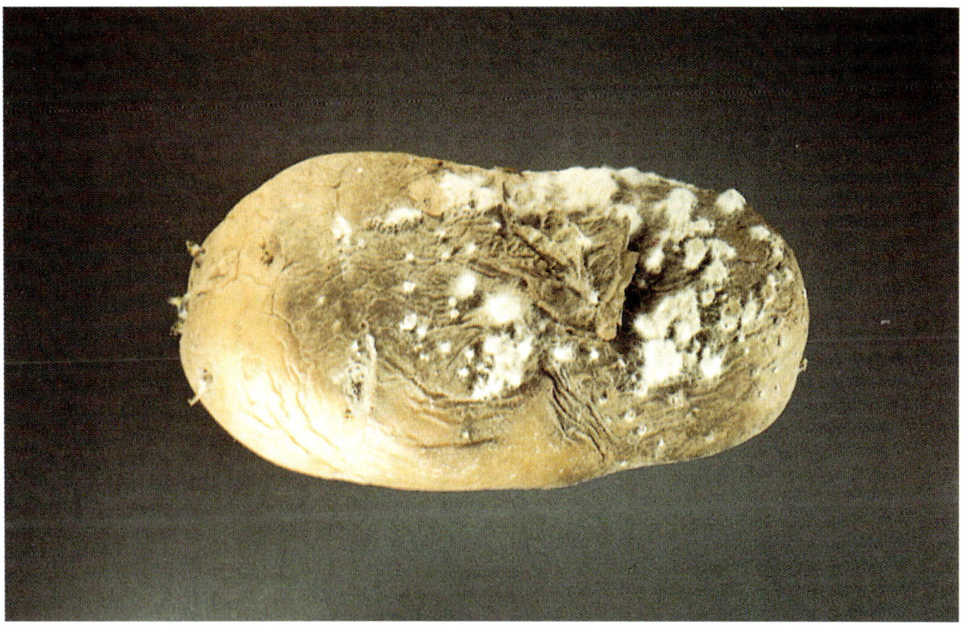

Trockenfäule, Knolle mit weißen Pusteln

56 Kraut- und Knollenfäule

Phytophthora infestans

Bedeutung: Von allen Pilzkrankheiten der Kartoffel tritt die Krautfäule am häufigsten auf und ruft große Schäden hervor. In regenreichen Sommern und bei anfälligen Sorten sind Ertragsminderungen von über 30 % durch kleine Knollen keine Seltenheit. Durch braunfaule Knollen kann sich der Schaden infolge Fäulnis im Kartoffellager verstärken und in Mischinfektion mit Bakterien ganze Boxen verderben. Verletzungen verstärken den Schaden.

Schadbild: Am Kartoffelblatt treten bei feuchtem Wetter Blattflecken auf, die unterseits einen weißlichen Schimmelrasen, vorwiegend an der Grenze zu gesundem Gewebe, aufweisen. Mitunter werden auch die Stengel befallen. An den Knollen im Herbst eingesunkene graue Flecken. Knollenfäule führt zu einer braunen Innenfärbung, jedoch ohne scharfe Abgrenzung zum gesunden Knollenfleisch.

Biologie: Luftfeuchtigkeit von über 80 % und Temperaturen im Bereich von 8-21 °C begünstigen den Pilz, es kommt vor allem bei feucht-warmem Wetter zu starker, schneller Vermehrung der Sporen. Die Überwinterung erfolgt fast ausschließlich in den Knollen. Von befallenen Knollen bzw. Abfallhaufen und den daraus aufwachsenden Kartoffeln beginnt sich die Krankheit mit durch den Wind verbreiteten Sporen großräumig auszubreiten. Schon im Damm können Knollen über die Lentizellen durch in den Boden gewaschene Sporen infiziert werden. Die Hauptinfektion der Knolle geschieht nach Verletzung der Knolle bei der Ernte.

Bekämpfung: Resistenzzüchtung wegen Rassenvielfalt bisher wenig erfolgreich. Gesundes Pflanzgut verwenden. Vorkeimung zur Vorverlegung des Wachstums in die befallsfreie Zeit. Gezielte chemische Bekämpfung sehr wirksam. Der Wetterdienst gibt an, bis zu welchem Termin mit einer Infektion nicht zu rechnen ist. Der Warndienst berücksichtigt diese Daten bei der Bekanntgabe des ersten Bekämpfungstermins. In Früh-Befallsgebieten Bestände ab Reihenschluss kontrollieren. Bei Anbau unter Folie und Beregnungsbetrieben ist mit sehr frühem Auftreten zu rechnen. Bei Folienanbau ist eine chemische Bekämpfung zunächst nicht möglich. Verletzungsfreie Ernte bei warmer, trockener Witterung und schonende Einlagerung vermindern den Befall der Knollen. Für die ersten Spritzungen im Abstand von 8-14 Tagen sollten vorrangig die blattverträglichen organischen Mittel oder auch Mittel mit systemischer Wirkung Verwendung finden. Für Abschlussspritzungen nicht systemische Mittel verwenden. Durch Totspritzen des gesunden Krautes und Ernte frühestens nach 21 Tagen kann Knollenbefall vermindert werden.

partiell durch Krautfäule abgestorbenes Laub

Blattbefall mit weißem Myzel

braunfaule Knolle, angeschnitten

57.1 Dürrfleckenkrankheit

Alternaria solani

Bedeutung: Wirtschaftlich bedeutend nur in warmen Jahren. Ertragsminderungen sind nicht genau zu erfassen, da die Krankheit häufig mit der Krautfäule vergesellschaftet auftritt. Bei anfälligen Sorten gibt es in warmen Jahren stärkere Schäden.

Schadbild: Ab Juni zeigen sich auf den Kartoffelblättern scharf begrenzte, rundliche, braune Flecken mit konzentrischen Ringen. Das befallene Blattgewebe kann herausfallen. An den Knollen entstehen eingesunkene Flecken, unter denen sich trockenfaules Gewebe ausbildet – Hartfäule.

Biologie: Der Erreger, ein Pilz, gelangt mit infiziertem Pflanzgut auf das Feld, kann aber auch an abgestorbenem Kraut überwintern. Hitzeperioden in den Monaten Juni bis August, in denen die Luftfeuchtigkeit nicht zu stark absinkt, sind förderlich.

Bekämpfung: Zur Bekämpfung haben sich neben der Wahl weniger anfälliger Sorten organische Kontaktfungizide bewährt, die auch gegen Krautfäule zugelassen sind. Allerdings müssen bei Befallsgefahr die Spritzungen auch bei trockener Witterung vorgenommen werden.

57.2 Silberschorf

Helminthosporium solani

Bedeutung: Besonders auf nassen bzw. gewaschenen Kartoffeln breitet sich der Erreger rasch aus. Im Lager treten erhöhte Gewichtsverluste durch Schrumpfung auf. Bei Pflanzgut kann der Pilz die Triebkraft reduzieren und selten auch Fehlstellen verursachen. Auf leichten Böden stärkeres Auftreten als auf schweren Böden.

Schadbild: Silbergraue, unregelmäßige blasenartige Flecken auf der Knolle. Sie entstehen durch das Eindringen des Pilzes in die Korkschicht der Schale. In die entstehenden Hohlräume tritt Luft ein, und dadurch glänzen die Flecken silbrig. In den Flecken sind die Sporenlager als schwarze Pünktchen zu erkennen.

Biologie: Der Pilz entwickelt sich zwischen 20–24 °C am besten. Die Hauptverbreitung geschieht mit dem Pflanzgut. Der Erreger kann bis zu 9 Monate im Boden überleben, von dort die Knollen infizieren.

Bekämpfung: Gesunder Zuchtaufbau durch Meristemkultur. Pflanzgutanbau auf schweren Böden. Späte Ernte, schnelles Abtrocknen der Partie und niedrige Lagertemperaturen von 3–5 °C. Einsatz von Fungiziden aus der Gruppe der Azole oder Strobilurine nach der Ernte.

Alternaria-Blattflecken mit konzentrischen Ringen

Alternaria-Fäule an der Knolle

Knolle mit Silberschorfbefall

silbrige Blasen des Silberschorfes

58.1 Welkekrankheit

Verticillium spp.

Bedeutung: In wärmeren Ländern von größerer Bedeutung. In Deutschland tritt die Krankheit in aller Regel nur an einzelnen Pflanzen oder in kleinen Nestern auf.

Schadbild: Kurz vor der Abreife beginnen zum Teil einseitig die unteren Blätter zu welken, später Vergilbung. Sie hängen schließlich verbräunt an grünen Stengeln. Häufig ist nur ein Stengel befallen. Bei starkem Befall kann die Welke schon während der Blüte nesterweise auftreten. Die Gefäßbündel verbräunen an Kraut und Knolle.

Biologie: Der Erreger *V. alboatrum* hat sein Temperaturoptimum bei 16–20 °C, *V. dahliae* dagegen bei 24–28 °C. Beide können im Boden an Unkräutern und Pflanzenresten überdauern und von dort Triebe und Wurzeln befallen. Als typische Gefäßerkrankung werden die Erreger schnell in der Pflanze verteilt.

Bekämpfung: Weitgestellte Fruchtfolge, Zuchtaufbau über Meristemkultur, Bereinigung der Vermehrungsbestände, Verwendung gesunden Pflanzgutes, Resistenzzüchtung und Einarbeitung von gehäckseltem Gerstenstroh.

58.2 Colletotrichum-Welke

Colletotrichum coccodes

Bedeutung: Die Krankheit ist weit verbreitet. Starker Schaden tritt jedoch nur in Jahren mit großer Sommertrockenheit auf leichten Böden auf.

Schadbild: Vorzeitiges Absterben (Vertrocknen) zunächst der unteren Blätter, dann aller Blätter einzelner Stengel durch Wurzelzerstörungen. Die Stengel fühlen sich lederartig, die Knollen gummiartig an. Das Absterben verläuft langsamer als bei der *Verticillium*-Welke. Befallene Einzelpflanzen sind über das ganze Feld verteilt, auf sandigen Stellen kann es aber auch zu nesterartigem Absterben kommen. An der Knolle können Flecken ähnlich wie beim Silberschorf auftreten, allerdings mit hellgrauer bis graubrauner Schale. Bei stärkerem Befall treten auch Dellen und Trockenfäule auf.

Biologie: Der Erreger, eher ein Schwächeparasit, der unter Stress auftritt, gilt als sehr wärmeliebend mit einem Temperaturoptimum von 28–30 °C. Der Befall geht von im Boden vorhandenen Pflanzenresten aus.

Bekämpfung: Nur vorbeugende Maßnahmen wie weitgestellte Fruchtfolge, Verwendung gesunden Pflanzgutes und Anbau frühreifender Sorten.

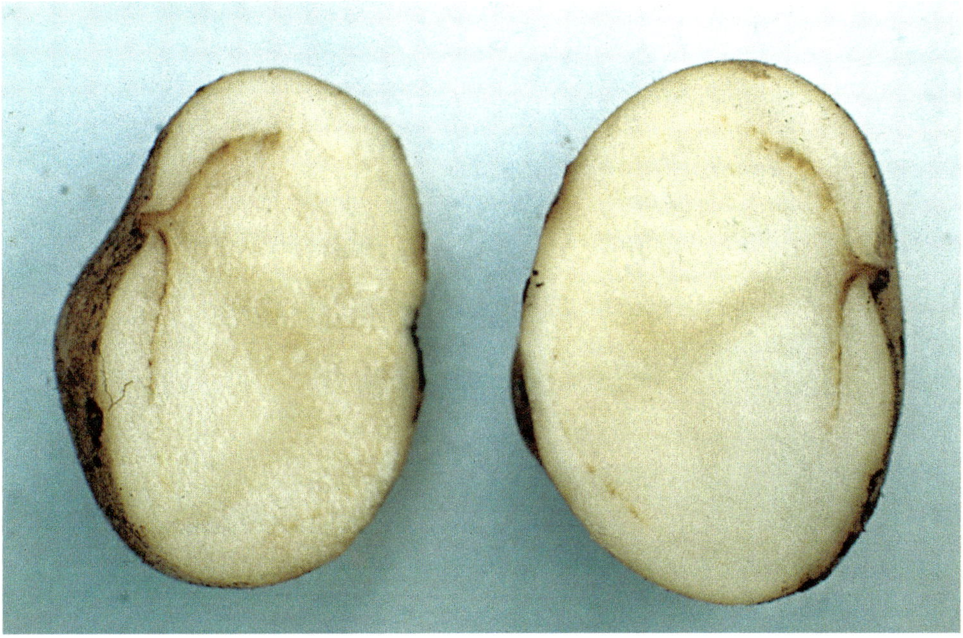

Welkekrankheit – *Verticillium*, verbräunter Gefäßbündelring

Einzelpflanzen von *Colletotrichum* befallen und abgestorben

von *C. coccodes* befallene und abgestorbene Einzelpflanzen

59.1 Pfropfenbildung der Kartoffel

Rattle-Virus

Bedeutung: Die innere Qualität, weniger der Ertrag, wird bei anfälligen Sorten in feuchten Sommern auf Standorten mit virusbeladenen Nematoden erheblich beeinträchtigt. Schon leicht befallene Partien sind als Speise- oder Veredlungskartoffel nicht mehr für die Vermarktung geeignet.

Schadbild: Bei starkem Befall auf der Schale ringförmige, dunkel gefärbte Vertiefungen. Im allgemeinen nur in aufgeschnittenen Knollen bräunliche Flecken und/oder bogenförmig angeordnete Nekrosen erkennbar.

Biologie: Das Rattle-Virus wird durch freilebende Nematoden der Gattung *Trichodorus* übertragen. Wirtspflanzen des Virus sind Unkräuter wie Vogelmiere, Franzosenkraut und Melde.

Bekämpfung: Intensive Unkrautbekämpfung in der gesamten Fruchtfolge, Wahl resistenter Sorten, Bekämpfung der Überträgernematoden mit chemischen Mitteln brachten Teilerfolge. Zwischenfrüchte, die den Nematoden als Nahrung dienen, u. a. Gelbsenf, Phacelia, Winterrübsen, Winterraps, Herbstrübe vermeiden. Lupine, Ölrettich sind neutral.

59.2 Blattrollkrankheit

Blattrollvirus

Bedeutung: Je nach Sortenanfälligkeit und Bekämpfungsintensität unterschiedlich stark verbreitete Virose, die bei Stauden, die aus infizierten Knollen erwachsen, Ertragsminderungen bis zu 80 % verursachen kann.

Schadbild: Die Blätter sind vor allem im unteren Stengelbereich nach oben eingerollt, sie sind spröde und knacken beim Falten, zeigen später Gelbfärbung. Das Triebwachstum ist gehemmt. Ein geringerer Knollenansatz mit überwiegend kleinen Knollen ist die Folge.

Biologie: Überträger des Virus ist die Pfirsichblattlaus, die das einmal aufgenommene Virus mit dem Speichel »dauernd« (persistent) überträgt.

Bekämpfung: Gesunder Zuchtaufbau. Chemische Bekämpfung nur indirekt, aber erfolgreich durch Ausschaltung des Überträgers möglich. In Pflanzkartoffelvermehrungen strenge Selektion viruskranker Stauden und mehrmalige Insektizidspritzungen sowie Krautabtötung bei beginnendem Sommerflug der Läuse. Vorkeimung und frühe Pflanzung begünstigen das Wachstum und sind Voraussetzungen für eine rechtzeitige Krautabtötung. Virustestung im Rahmen der Anerkennung sichert die weitgehende Befallsfreiheit des Vermehrungspflanzgutes ab. Im Konsumanbau Pflanzgut wechseln. Wahl resistenter Sorten.

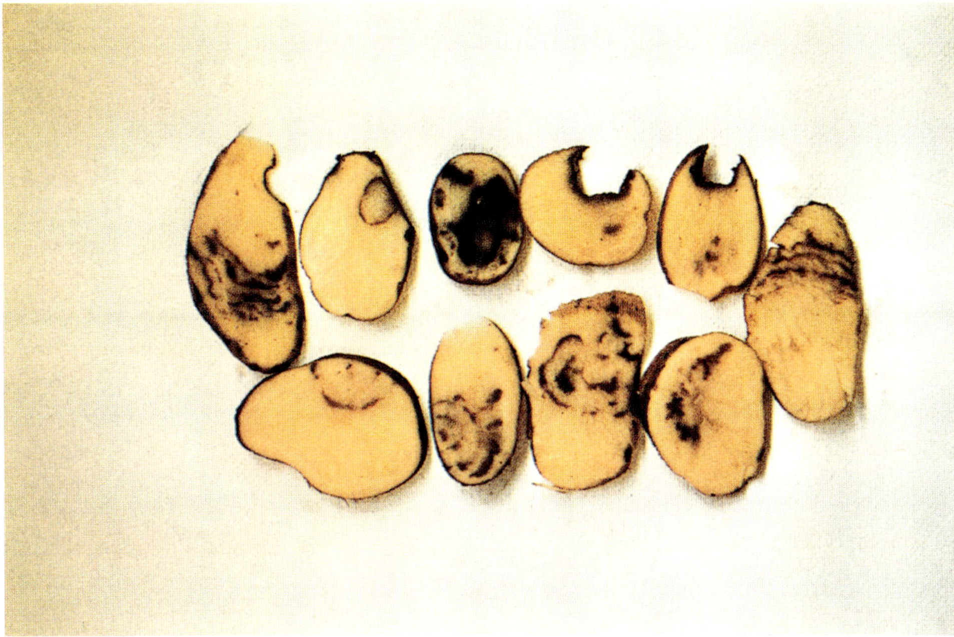

Rattle-Virus-Symptome, bräunliche Flecken, Ringe, Bögen

Blattrollvirus, Rollen der Blätter im unteren Bereich

60 Y-Virus-Mosaik

Y^O = Strichelkrankheit, Y^N = Tabakrippenbräune

Bedeutung: Y-Virosen gehören zu den verbreitetsten und gefährlichsten Viruskrankheiten der Kartoffel.
Abhängig von der Interaktion zwischen Sorte, Virusstamm und Infektionszeitpunkt können Verluste zwischen 5 % und 80 % entstehen, die sich in verminderter Knollengröße und geringerem Stärkegehalt ausprägen. Der Schaden ist besonders hoch, wenn die Pflanze von mehreren Viren gleichzeitig befallen wird.

Schadbild: Zu unterscheiden sind 3 Schadbilder. Beim Stamm Y^O, der Strichelkrankheit, werden kleinere krause Blätter mit strichelförmigen Nekrosen sichtbar. Später im Jahr können ganze Fiederblätter spröde werden und am Halm abknicken. Diese hängen dann braun abgestorben herunter.
Der Stamm Y^N = Tabakrippenbräune, der weiter verbreitet ist als der Stamm Y^O, äußert sich überwiegend als schwache Mosaikscheckung. Nur gelegentlich sind braune Strichel auf den Nerven der Blattunterseite erkennbar. Im Nachbau prägen sich die Symptome je nach Interaktion von Sorte, Witterung und N-Düngung sehr unterschiedlich aus. Bei weniger anfälligen Sorten ist die schwache Mosaikscheckung im Feldbestand bei der Bereinigung der Bestände leicht zu übersehen. Y^N kann sich daher schleichend ausbreiten und in Kombination mit anderen Viren bzw. bei auffälligen Sorten zu Problemen führen. In neuerer Zeit zeigen sich bei einigen Sorten nach Infektion mit Y^{NTN}-Viren auch an Knollen fleckenförmige Nekrosen, die auch die Form von Bögen bzw. Ringen annehmen können (TN = tubernecrosis). Dabei ist nur die Schale oberflächlich nekrotisiert. Pfropfen wie bei Rattle-Virus entstehen nicht.

Biologie: Die Ausbreitung der Y-Viren erfolgt in erster Linie durch Blattläuse. Neben der Grünen Pfirsichblattlaus und der Kreuzdornlaus als Hauptüberträger können eine Vielzahl anderer Läuse Y-Viren bereits mit Probeanstichen ohne Saugakt übertragen. Daneben ist auch die mechanische Übertragung z. B. durch Geräte möglich. Der Wirtspflanzenkreis umfasst alle Nachtschattengewächse und eine Vielzahl von Unkräutern und die Zuckerrübe.

Bekämpfung: Resistente Sorten, gesunder Zuchtaufbau durch Entfernung viruskranker Stauden, Anbau in Gesundlagen. Vorverlegung der Vegetation in die blattlausfreie Zeit durch Vorkeimung und Hinderung der Ableitung der Viren vom Kraut in die Knolle durch Krautabtötung. Chemische Blattlausbekämpfung hat nur eine begrenzte Wirkung, da die Läuse das Y-Virus bereits mit dem kurzfristigen Probestich übertragen, bevor sie durch das Insektizid abgetötet werden. Nur dann, wenn es gelingt, die Blattlausdichte großräumig zu senken, wird ein gewisser Bekämpfungserfolg erreicht.

Y^O, strichelförmige Nekrosen auf Blattspreite

Y^N, schweres Mosaik durch mehrjährigen Befall mit Tabakrippenbräune

Durch Y^N hervorgerufenes Kräuselmosaik, links: gesund, rechts: krank

61.1 A-Virus-Mosaik

Bedeutung: Nur bei wenigen Kartoffelsorten. Mindererträge bis 40 %. Mischinfektionen führen zu starken Symptomen und Ertragseinbußen.

Schadbild: Helle mosaikartige Blattscheckung, mehr oder weniger aufgeraute – Raumosaik – und teilweise auffallend glänzende Blätter.

Biologie: Vorwiegend nichtpersistente Übertragung durch Blattläuse, nur gelegentlich mechanisch durch Kontakt (Verletzungen).

Bekämpfung: Wie bei Blattrollkrankheit und Vermeidung der Kontaktübertragung durch Ackergeräte etc.

61.2 X-Virus-Mosaik

Bedeutung: Die nur in einigen Sorten verbreitete Virose kann Ertragsausfälle zwischen 10 % und 20 % verursachen.

Schadbild: Leichte mosaikartige Scheckung der Blätter im unteren Staudenbereich. Selten Blattdeformierungen. Im Feldbestand sind kranke Pflanzen kaum zu erkennen.

Biologie: Das Virus ist ausschließlich kontaktübertragbar.

Bekämpfung: Gesunder Zuchtaufbau – Vermeidung der mechanischen Übertragung, sei es durch Ackergeräte, Selektionsarbeiten etc. Wahl resistenter Sorten.

61.3 M-Virus-Mosaik

Bedeutung: Je nach Symptomstärke Ertragsverluste von 20 % - 50 %. Auftreten nur in einigen dafür anfälligen Sorten.

Schadbild: Charakteristische Symptome sind eine feine Mosaikfleckung und ein Einrollen der Blätter im oberen Staudenbereich – Rollmosaik. Sie bleiben zur Unterscheidung von der Blattrollkrankheit weich und elastisch.

Biologie: Übertragung »nichtpersistent« durch Blattläuse, gelegentlich auch durch Kontakt.

Bekämpfung: Wie bei Blattrollkrankheit.

61.4 S-Virus-Krankheit

Bedeutung: Überwiegend latent auftretende Virose. Ertragsverluste von 10 % - 20 %. Nach jüngsten Beobachtungen können Stämme mit deutlichen Symptomen zu höheren Ertragsminderungen führen. Stärkere Schäden vor allem bei Mischinfektionen.

Schadbild: Vertiefte Blattnerven, wodurch raue Blätter entstehen, Blattränder leicht gewellt, bei stärkerer Ausprägung Ähnlichkeit mit M-Virus.

Biologie: Ausschließlich kontakt- und läuseübertragbares Virus.

Bekämpfung: Wie bei X-Virus-Mosaik.

A-Virus mit deutlicher Blattscheckung

X-Virus mit leichten Mosaiksymptomen

M-Virus, leicht gerollte Blätter

S-Virus, leicht aufgeraute Blattspreiten

62.1 Bakterienringfäule

Clavibacter michiganensis

Bedeutung: Die Krankheit verursacht in Deutschland sehr geringe Schäden durch Fäulnis der Knollen. Der Erreger ist jedoch von der EU als Quarantäne-Schaderreger eingestuft, sodass auch latenter Befall zu vermeiden ist.

Schadbild: Symptome treten am Kraut, wenn überhaupt, sehr spät auf. Einzelne Stengel zeigen bei noch grünen Blättern starke Welke. In den Knollen beginnt vom Nabelende ausgehend der Gefäßbündelring sich dunkel zu färben, wird matschig und sondert Bakterienschleim ab.

Biologie: Der Erreger ist ein stäbchenförmiges, grampositives Bakterium, das sich bei 20-27 °C optimal vermehrt. Es wird vorwiegend durch Pflanzgut verbreitet, wobei nicht nur die Bakterien im Gefäßbündelring, sondern auch die anhaftende Erde und die Weitergabe der Bakterien über Förderbänder, Erntemaschinen eine Rolle spielen. Im Boden kann das Bakterium vermutlich nur relativ kurze Zeit überdauern. Als weitere Wirtspflanze sind nur Zuckerrüben und bittersüßer Nachtschatten bekannt.

Bekämpfung: Zuchtaufbau über Meristemkultur, Vermeidung von Befall des Pflanzgutes, kurze Vermehrungswege, kein Pflanz- und Konsumanbau im gleichen Betrieb. Weitgestellte Fruchtfolge und Vermeidung von Durchwuchs, Zuckerrüben nach Kartoffeln und danach mindestens 2 Jahre Getreide anbauen, regelmäßige Desinfektion der Maschinen und Lagereinrichtungen.

62.2 Schleimfäule

Ralstonia solanacearum

Bedeutung: Die Schleimkrankheit hat ihre besondere Bedeutung in tropischen und subtropischen Ländern; im nördlichen Europa tritt sie nur sporadisch auf. Sie ist daher wie die Ringfäule ein meldepflichtiger Quarantäneschaderreger, dessen wirtschaftliche Bedeutung relativ gering ist.

Schadbild: Das Schadbild an Kraut und Knolle ähnelt sehr dem der Ringfäule. Die Verfärbung des Gefäßbündelringes und der Schleim sind hier eher braun statt gelb.

Biologie: Der Erreger liebt Bodentemperaturen zwischen 20 und 30 °C. Er kann mehrere Jahre im Boden überleben. Die Verbreitung geht über das Pflanzgut und den Boden. Der Wirtspflanzenkreis ist sehr groß. Außer Gräsern und Getreide werden fast alle Kulturpflanzen und sehr viele Unkräuter befallen, sodass eine Ausrottung der Krankheit sehr viel schwieriger ist als bei der Ringfäule.

Bekämpfung: siehe Bakterienringfäule, und zusätzlich mindestens 4 Jahre nur Getreide oder Gräser anbauen.

Bakterienringfäule –
beginnende Welke des Triebes

Bakterienringfäule –
Nekrosen im Gefäßbündelring

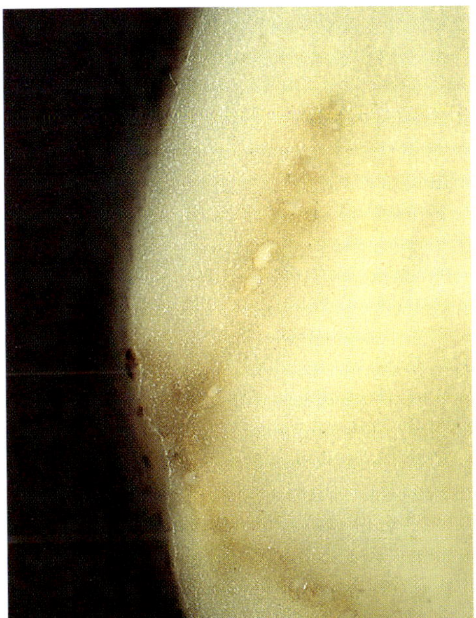

Schleimfäule an der Knolle

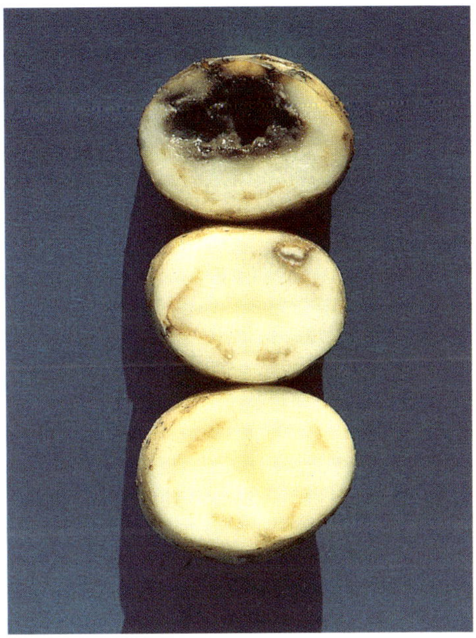

Ralstonia solanacearum

63 Gelber und Weißer Kartoffelnematode

Globodera rostochiensis und *G. pallida*

Bedeutung: Je nach Art und Rasse der Nematoden und Anfälligkeit der Sorte 30 % bis 80 % Ertragseinbuße. Das Auftreten von Kartoffelnematoden zieht gesetzliche Maßnahmen wie Anbau- und Vermarktungsbeschränkungen nach sich. Vor Anbau Bodenuntersuchung.

Schadbild: Nesterweises Zurückbleiben der Pflanzen mit wenigen Trieben, die kleine, nach oben gerichtete Blätter aufweisen. Die kurzen, stark verzweigten Wurzeln – Wurzelbart – zeigen ab Juni/Juli von Weiß über Gelb nach Braun verfärbte Zysten mit einem Durchmesser von 0,5-0,8 mm. Beim Weißen Kartoffelnematoden fehlt die Gelbphase, bevor die Zysten sich braun färben.

Biologie: Die abgestorbenen Weibchen – Zysten – enthalten 100 bis 300 Eier, bzw. auch das erste Larvenstadium. Infolge des guten Schutzes können zystenbildende Nematoden mehr als 15 Jahre im Boden überdauern! Sobald Kartoffeln oder Tomaten angebaut werden, verlassen die Larven die Zyste und wandern in die Wurzelspitze ein, wo eine Riesenzelle angeregt wird. Die Weibchen durchbrechen mit dem kugelförmigen Hinterleib die Wurzelrinde. Der Hinterleib wird zur Zyste. Auch resistente Sorten werden befallen, eine Entwicklung der Nematoden ist an ihnen jedoch nicht oder nur unvollkommen möglich. Bei schwerem Befall werden auch sie durch den »Restbefall« so stark geschädigt, dass Mindererträge eintreten.

Bekämpfung: Eine Tilgung des Befalls ist praktisch nicht möglich.
Vorbeugend: Verschleppung vermeiden, Fruchtfolge nicht enger als alle vier Jahre Kartoffeln. Verwendung zertifizierten, befallsfreien Pflanzgutes, Reinigung der Maschinen, Vermeidung von Kartoffeldurchwuchs und von Wind- und Wassererosionen. Keine Ausbringung unkontrollierter Klärschlämme und Abfallerden.
Biologische Bekämpfung: Nur bei schwachem Befall ausreichend wirksam. Der Anbau resistenter Sorten vermindert je nach Resistenzgrad die Population um 40 % bis über 80 %. Im Gegensatz zur chemischen Bekämpfung vermindert die biologische Bekämpfung auch den Befall in tieferen Bodenschichten. Gegen den Weißen Kartoffelnematoden sind nur wenige resistente Stärkekartoffel-Sorten vorhanden.
Chemische Bekämpfung: Der Einsatz von Nematiziden führt nicht zum dauerhaften Erfolg, weil der Befall im Unterboden nicht erfasst wird und auch im Oberboden nur ein 80 %iger Erfolg eintritt. Sie wird daher nur bei starkem Befall zum Zwecke der Ertragssicherung mit dem Anbau resistenter Sorten kombiniert. Die flüssigen Mittel werden im Herbst vor dem Anbau mit Spezialmaschinen in den Boden gebracht. Die Granulate werden oberflächlich ausgebracht und intensiv mit dem Boden vermischt, weniger wirksam als die flüssigen Präparate. Anwendungsverbote in Wasserschutzgebieten beachten!

nesterweise Kümmerwuchs bei Nematodenbefall

Zysten des Gelben Kartoffelnematoden

Zysten des Weißen Kartoffelnematoden

64.1 Kartoffelkäfer

Leptinotarsa decemlineata

Bedeutung: 1936 Einbürgerung in Deutschland. In Jahren mit Massenauftreten kommt es durch Zerstörung der gesamten Blattfläche zu erheblichen Ertragsverlusten.

Schadbild: Meist auf der Blattunterseite in Gruppen aufrecht stehende, orangegelbe, ca. 1,5 mm lange Eier. Die daraus schlüpfenden Larven verursachen Loch- und Randfraß, später Skelettier- und Kahlfraß. Der Käfer ernährt sich ebenfalls von Kartoffelblättern.

Biologie: Der im Boden überwinternde Käfer erscheint etwa mit der Löwenzahnblüte. Nach 14-tägigem Reifungsfraß legen die Weibchen im Schnitt etwa 400 Eier in Gruppen von 10-30 Stück blattunterseits ab. Nach 10-14 Tagen schlüpfen die Larven. Verpuppung nach 3-4 Wochen Fraßzeit einige Zentimeter tief im Erdboden. Die Puppenruhe beträgt ca. 14 Tage. Im Juli/August zweite Generation. Nur in sehr warmen Jahren drei Generationen.

Bekämpfung: Bevorzugt chemisch mit fraß- und atmungswirksamen Mitteln. Die Bekämpfungsschwelle liegt bei ca. 20 % Blattflächenverlust. Bei Maßnahmen gegen Krautfäule können geeignete Präparate zugesetzt werden.

64.2 Blattläuse

Myzus persicae, Aphis nasturtii, Aphis frangulae

Bedeutung: Bedeutsam insbesondere als Virusüberträger (Grüne Pfirsichblattlaus, Kreuzdornlaus, Faulbaumlaus). Daneben bei hohem Besatz Verluste durch Saftentzug.

Schadbild: Blattunterseits Bildung von Blattlauskolonien. Stark befallene Blätter können sich verkrümmen und verfärben. Honigtau und später Schwärzepilze zeigen starken Befall an.

Biologie: Überwinterung als Ei auf den Winterwirten Pfirsich, Kreuzdorn, Faulbaum. Nach Schlupf zunächst 1-2 weitere Generationen auf dem Winterwirt. Die zweite Generation ist in der Regel schon geflügelt. Diese besiedelt die Sommerwirte – Kartoffeln –, auf denen zwei ungeflügelte Generationen leben. Anschließend entstehen wieder geflügelte Läuse. Nach einer weiteren Generation suchen die geflügelten Läuse die Winterwirte auf. Nach der Befruchtung Eiablage an Knospen. Die Überwinterung als Vollinsekt ist nur in warmen Wintern möglich.

Bekämpfung: Mit chemischen, bevorzugt systemischen Mitteln und/oder solchen, die schnell wirken. Warnmeldung des Pflanzenschutzdienstes beachten. Schonung bzw. Förderung der natürlichen Gegenspieler.

Käfer, Eier und Larven des Kartoffelkäfers

Blattläuse, kleine Kolonie

Pfirsichblattlaus mit Jungtier

65.1 Fußkrankheiten

Fusarium-, Rhizoctonia- und andere Pilzarten

Bedeutung: Besonders in Jahren mit kühl-feuchter Witterung nach der Saat und bei Bodenverschlämmung können erhebliche Pflanzenverluste entstehen. Bei Spätbefall werden Kornausbildung und -qualität stark gemindert.

Schadbild: Nach dem Auflaufen vergilben Jungpflanzen und sterben teilweise ab. Bei späterem Befall treten verzögertes Wachstum, Starrtracht und Verbräunung der Triebspitzen ein. Die Hülsenentwicklung erfolgt nur gering oder unterbleibt völlig. Die Pfahlwurzel verfärbt sich dunkel, die Seitenwurzeln faulen völlig ab.

Biologie: Als Verursacher der Wurzelschäden kommen bodenbürtige Schadpilze aus den Formenkreisen *Fusarium, Pythium, Rhizoctonia, Aphanomyces* und *Sklerotinia* in Betracht. Meist treten mehrere dieser Pilze gleichzeitig auf.

Bekämpfung: Mindestens 4-5 Jahre Anbaupause einhalten. Aussaat nur in ausreichend abgetrockneten und erwärmten Boden. Auf ausreichende Kalkversorgung zur Vermeidung von Bodenverschlämmung achten. Beizung mit Fungiziden ist um so empfehlenswerter, je ungünstiger die Standortverhältnisse sind.

65.2 Erbsenwickler

Cydia nigricana

Bedeutung: Je dichter der Erbsenanbau in einer Lage, desto größer kann die Schadwirkung werden. Verluste bis 30 % entstehen durch Ertragseinbußen und Qualitätsminderungen durch Kotausscheidungen der Raupen mit nachfolgenden Fäulen an den befressenen Körnern.

Schadbild: In unreifen Hülsen sind die bis 8 mm langen, gelbgrünen Larven zwischen den Körnern zu finden. 3-4 Körner je Hülse weisen tiefe Fraßhöhlungen auf. Zwischen den Körnern hält feines Gespinst gelbbraune, körnige Kotkrümel fest.

Biologie: Der 15 mm große, gelbbraune Kleinschmetterling fliegt ab Ende Mai blühende Erbsenfelder an und bevorzugt dabei die Feldränder in Windschattenlagen. Zeitlich verzettelte Eiablage mit 1-2 Stück besonders an Kelchblättern bis Mitte Juli. Fraßzeit der Raupen 3 Wochen; Abwanderung durch Ausbohrloch zur Verpuppung in den Boden.

Bekämpfung: Früh und rasch abblühende Sorten bevorzugen. Möglichst weiten Abstand von vorjährigen Erbsenfeldern wählen. Kontrolle des Falteranflugs durch Pheromonfallen. Erstbehandlung etwa 10 Tage nach Anflug mit bienenungefährlichen Präpa-

Wurzelfäule an Erbse

absterbende Ackerbohne

Erbsenwickler-Raupe in Erbsenhülse

66.1 Schokoladenfleckenkrankheit

Botrytis fabae und *B. cinerea*

Bedeutung: Verbreitet auftretende Blattkrankheit, die zur Minderung des Ertrages und des TKG führen kann.

Schadbild: Bei Ackerbohnen finden sich ab der Vollblüte millimetergroße, scharf begrenzte rotbraune Blattflecken in großer Zahl. Bei anhaltend hoher Luftfeuchtigkeit verursacht der gleiche Erreger große braune Flecken mit dunklem Rand und schwacher Zonierung (»Schokoladenflecken«). Beim Zusammenfließen dieser Flecken sterben die Blätter vorzeitig und rasch ab. Der Befall geht auch auf Stengel und Hülsen über. Bei Erbsen beginnt der Befall an abfallenden Blütenblättern und breitet sich dann rasch in den dichten Beständen aus. *Botrytis* beteiligt sich auch häufig an den Hülsenfäulen der Erbsen.

Biologie: Die *Botrytis*-Arten sind in allen Anbaulagen vorhanden, und vor allem *B. cinerea* besitzt viele Wirtspflanzen. Der relativ hohe Wärme- und Feuchtigkeitsbedarf lässt die Pilze meist erst ab Ende Mai zur Entwicklung kommen. In geringem Maße ist auch Saatgutübertragung möglich; diese wirkt sich aber kaum wirtschaftlich spürbar aus.

Bekämpfung: Saatgutbeizung teilwirksam. Bekämpfung im Bestand ist technisch nur schwer durchführbar.

66.2 Brennfleckenkrankheit

Ascochyta fabae und *A. pisi*

Bedeutung: Durch ausschließliche Verwendung zertifizierten Saatgutes hat die Krankheit besonders bei Ackerbohnen an Bedeutung verloren und schädigt heute nur noch bei Verwendung betriebseigenen Saatgutes.

Schadbilder: Auf Blättern von Bohnen und Erbsen treten braun-graue Flecken auf. Sie sind unregelmäßig gestaltet und von einem dunklen Rand scharf begrenzt. Das Zentrum erscheint deutlich heller und weist keine ringförmige Zonierung auf. Charakteristisch sind die winzig kleinen schwarzen Sporenbehälter (Pyknidien) auf den Flecken. Im fortgeschrittenen Stadium brechen die vertrockneten Befallsstellen bisweilen heraus. Der Befall an Stengeln ist relativ selten. An den Hülsen sinken die Befallsstellen tief in das Gewebe ein. Dabei dringt der Pilz durch die Hülsenwand bis in die entstehenden Samen vor, an denen sich dunkelbraune Verfärbungen bilden. Speiseerbsen werden dadurch unbrauchbar.

Biologie: Die Pilze werden durch infiziertes Saatgut übertragen und durch hohe Luftfeuchtigkeit im Bestand gefördert.

Bekämpfung: Chemische Bekämpfung ist nicht möglich. Zertifiziertes Saatgut verwenden.

kleine *Botrytis*-Flecken

»Schokoladenflecken«

Ascochyta-Fleck mit Pyknidien

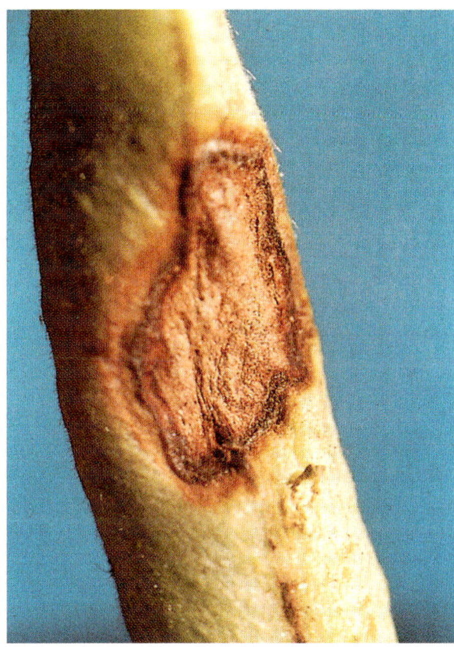

»Brennfleck« auf Hülse

67.1 Ascochyta – Brennfleckenkrankheit

Ascochyta pinodes, pisi, pinodella

Bedeutung: Die weitverbreitete Krankheit kann erhebliche Schäden verursachen und mindert die Qualität des Saat- bzw. Erntegutes von Erbsen in starkem Maße.

Schadbild: Pflanzen laufen lückig auf. Die Stengelbasis ist gebräunt. An den Blättern sind rundliche, braune Flecken, z. T mit deutlicher Zonierung, erkennbar. Auch an Hülsen finden sich eingesunkene braune Flecken mit dunklerem Rand. Unter diesen Flecken weisen die Samen ebenfalls schon Verfärbungen auf. Stark befallene Jungpflanzen sterben völlig ab, bei älteren Pflanzen werden Teile vernichtet.

Biologie: Der Pilz überdauert im Boden in Pflanzenresten in Form von Oosporen. Innerhalb des Bestandes breitet er sich bei hoher Luftfeuchtigkeit und niedrigen Temperaturen durch luftverfrachtete Sporen aus. Das Pilzgeflecht durchdringt die Pflanze systemisch.

Bekämpfung: Wichtigste Maßnahme ist die vollständige Beseitigung aller Pflanzenreste durch sorgfältige, tiefe Bodenbearbeitung. In der Fruchtfolge ist eine Anbaupause von 4-5 Jahren einzuhalten. Eine chemische Bekämpfung ist hinsichtlich der Wirkung unsicher und kostenmäßig meist nicht wirtschaftlich.

67.2 Falscher Mehltau

Peronospora pisi

Bedeutung: Diese in intensiven Erbsenanbaugebieten nicht selten anzutreffende Krankheit ist bisher nur in feuchtkühlen Jahren vereinzelt schädigend in Erscheinung getreten.

Schadbild: Blattoberseits entstehen gelbliche Flecken mit filzigem braunem Pilzmyzel. Blattunterseits findet sich ein mehr mausgrauer flaumiger Belag. Der Befall beginnt an den unteren Blättern und breitet sich bis zu den Triebspitzen aus. Hülsen können auch ohne Blattsymptome Infektionen aufweisen. Die Hülsen sind dann verkrüppelt und enthalten verfärbte Samen.

Biologie: Die Krankheit wird mit dem Saatgut verbreitet. Die in den Blattflecken entstehenden Sporenlager entlassen insbesondere bei feuchtkühler Witterung zahlreiche Sporen, die zu einer raschen Infektionsausbreitung im Bestand führen. Die Überwinterung erfolgt bevorzugt im Samen, ist aber auch in Pflanzenresten nicht auszuschließen.

Bekämpfung: Unbedingt vier- bis fünfjährigen Abstand in der Fruchtfolge einhalten. Nur befallsfreies zertifiziertes Saatgut verwenden. Saatgutbeizung wirkt nur teilweise, nach der Ernte Pflanzenreste sorgfältig unterpflügen. Fungizideinsatz gegen Blattbefall mit Strobilurinen in Erprobung.

Mycosphaerella – Blattflecken

Falscher Mehltau – Pilzrasen auf Erbsenblatt

68.1 Rost

Uromyces viciae fabae und *U. pisi-sativi*

Bedeutung: Rost auf Körnerleguminosen tritt erst im Reifestadium der Pflanzen auf und kann deshalb Ertrag und Qualität kaum beeinträchtigen.

Schadbild: Ab Mitte Juli finden sich von den älteren zu den jüngeren Blättern fortschreitend blattober- und -unterseits kleine braune Flecken, die von einem hellen Hof umgeben sind. Die Größe der Flecken nimmt etwas zu, das Blattgewebe wölbt sich pustelförmig auf, bis die Haut aufreißt und braunes Pulver der Sommersporen hervorquillt. Stärker befallene Blattspreiten sterben vorzeitig ab. Befall auch auf Stielen und Trieben.

Biologie: Der Ackerbohnenrost überwintert an befallenen Pflanzenteilen. Von dort aus wird der neue Pflanzenbestand ohne Zwischenwirt durch Windübertragung infiziert. Der Erbsenrost muss dagegen Wolfsmilchgewächse als Zwischenwirte besiedeln, bevor wiederum Erbsen infiziert werden können. Beide Rostarten treten auch auf der jeweils anderen Hauptkultur auf.

Bekämpfung: Sorgfältiges Unterpflügen befallener Pflanzenreste. Beseitigung von Wolfsmilchgewächsen aus der unmittelbaren Umgebung von Erbsenfeldern.

68.2 Virosen

Bedeutung: Mehrere Viruskrankheiten können je nach Art, Infektionszeitpunkt und Besatzdichte der Blattläuse zu starken Schäden führen.

Schadbilder: Da mehrere Virosen einzeln oder gemeinsam auftreten, entstehen außerordentlich unterschiedliche Befallsbilder. Die wichtigsten Symptome sind: gestauchtes Wachstum, stark gekräuselte und missgestaltete Blätter, nach unten eingedrehte Blattränder, hell-dunkelgrüne mosaikartige Verfärbung, hellgelbe netzartige Adernaufhellung, besonders an den jüngsten Blättern, rotbraune strichelförmige Blattflecken, starke Gelbverfärbung von Blattteilen. Schlechte oder keine Hülsenausbildung, besonders im Wipfelbereich.

Biologie: Die Mehrzahl aller Viruskrankheiten wird durch Blattläuse übertragen, vor allem durch die Grüne Pfirsichblattlaus, vereinzelt auch durch den Blattrandkäfer. Einzelne Virosen sind saatgutübertragbar.

Bekämpfung: Rechtzeitige Aussaat. Verwendung von zertifiziertem Saatgut. Genaue Bestandskontrolle und sorgfältige Blattlausbekämpfung mit bienenungefährlichen Präparaten.

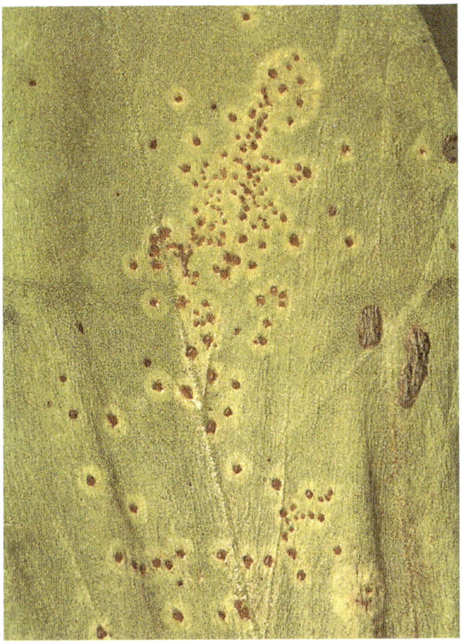

Rostpusteln

Kräuselvirus an Bohne

Virose an Ackerbohne

Virose an Erbse

69.1 Schwarze Bohnenlaus

Aphis fabae

Bedeutung: Alljährlich in jeder Anbaulage gefährlicher Schädling vorwiegend der Ackerbohne; durch Saugschäden und Virusübertragung werden erhebliche Verluste verursacht.

Schadbild: Mit Beginn der Blüte breiten sich zunächst versteckt zwischen den zusammengefalteten Gipfelblättern, dann an allen Pflanzenteilen, die Kolonien der Läuse aus. Feldränder werden bevorzugt besiedelt. Durch die Saugtätigkeit entstehen Wuchsstauchungen im Gipfelbereich. Befallene Blüten kümmern und fallen ab, Hülsen bleiben in der Entwicklung zurück und bilden Kümmerkorn. Durch stark zuckerhaltigen Läusekot (»Honigtau«) verbräunen große Blattpartien unter den Läusekolonien und sterben vorzeitig ab. Honigtau fördert auch die Schokoladenfleckenkrankheit. Bei frühzeitigem Läusebefall können zusätzlich Symptome mehrerer Viruskrankheiten auftreten.

Biologie: Die Läuse überwintern im Ei an Schneeball und Pfaffenhütchen. Der Anflug an die Bohne erfolgt schon vor Blühbeginn (siehe auch Schwarze Rübenlaus S. 86, unten).

Bekämpfung: Die gezielte Bekämpfung mit speziellen bienenungefährlichen Mitteln stellt die rentabelste Schutzmaßnahme bei Bohnen dar.

69.2 Erbsenblattlaus

Acyrthosiphon pisum

Bedeutung: Wichtiger Schädling, besonders der Erbse, dessen Schadwirkung auf der langandauernden Saugtätigkeit sowie auf der Fähigkeit, Viruskrankheiten zu übertragen, beruht.

Schadbild: Zunächst saugt die Laus gut versteckt an den Blatt- und Knospenanlagen. Die Triebe stellen daraufhin das Längenwachstum ein. Befallene Blüten sterben überwiegend ab, der Hülsenansatz bleibt damit gering. Besogene Hülsen verkrüppeln und bilden kaum Samen aus, deren TKG zudem vermindert ist. Bei stärkerem Befall treten oftmals Symptome von Mosaik- und Blattroll-Virosen auf, die den Gesamtschaden durch Wachstumsbeeinträchtigung verstärken können.

Biologie: Die grün bis rötlich gefärbte Laus ist mit 3-5 mm Körperlänge auffallend groß. Sie überwintert als Ei an Leguminosen und besiedelt die neuen Wirtspflanzen ab Ende April. Dort kann bei warmer Witterung eine sehr rasche Generationsfolge mit hoher Vermehrungsrate beobachtet werden. Ende Juli bricht die Population zusammen.

Bekämpfung: Genaue Beobachtung der Bestände ab dem Aufgang. Sorgfältige Bekämpfung mit speziellen bienenungefährlichen Präparaten.

Knospen- und Blütenbefall

»Honigtau«-Schäden an Ackerbohne

Totalschaden durch Bohnenlaus

Grüne Erbsenblattlaus

70.1 Samenkäfer

Bruchus pisorum, B. rufimanus u. a.

Bedeutung: Der Befall mehrerer sehr ähnlich gestalteter Samenkäfer-Arten nimmt bei einer Intensivierung des Anbaus rasch zu und schädigt die Speise- und Saatgutqualität von Erbsen und Bohnen.

Schadbild: Kurz vor der Ernte erscheinen an den Hülsen kreisrunde Ausbohrlöcher. In den Samenkörnern darunter finden sich zylindrische, tiefe Löcher, in denen noch vereinzelt Käfer stecken können. Bei Nässe vor der Ernte faulen die verletzten Körner.

Biologie: Die Eiablage erfolgt bei Streckung der jungen Hülse. Die Larven bohren sich durch die Hülsenwand bis in die Samen. Unter der Samenschale wird eine zylindrische Kammer in das Korn gefressen, in der die gesamte Entwicklung einschließlich der Verpuppung abläuft. Bei der Reife der Körner verlässt die Masse der Käfer die Hülsen durch das Ausbohrloch. Ein Teil der Käfer gelangt noch ins Lager, kann dort jedoch keinen weiteren Schaden verursachen. Die Überwinterung erfolgt an geschützten Stellen im Freiland.

Bekämpfung: Sehr schwierig wegen fortgeschrittener Bestandshöhe, besonders bei Ackerbohnen. Da Gipfelblüten noch beflogen werden, nur bienenungefährliche Präparate verwenden.

70.2 Blattrandkäfer

Sitona lineatus

Bedeutung: Bei Intensivierung des Anbaus zunehmende Bedeutung bei allen Körnerleguminosen durch Ertragsbeeinträchtigung und Minderung des Vorfruchtwertes infolge Zerstörung der Wurzelknöllchen.

Schadbild: Unmittelbar nach Auflauf weisen Blätter vom Rande her kleine bogenförmige Fraßstellen auf. Stärkerer Blattverlust, besonders bei Erbsen, tritt relativ selten auf. Schwer zu erkennen sind die Fraßschäden der Larven an den Wurzelknöllchen. Durch Minderung der Stickstoffversorgung werden die Pflanzen geschwächt und vergilben. Bei Fraß an Ackerbohnen wird auch das Ackerbohnen-Mosaik-Virus übertragen.

Biologie: Der Käfer überwintert in Leguminosenfeldern und befällt die Leguminosen unmittelbar nach Aufgang. Die Eiablage erfolgt über drei Monate. Die Larven fressen nur unterirdisch an Wurzelknöllchen. Die Jungkäfer verursachen ab Juni nurmehr Blattfraß.

Bekämpfung: Als Schadensschwelle gilt ein Besatz von etwa 20 Käfern pro m^2. Bekämpfung vor der Blüte mit Kontaktinsektiziden. Bei Wiederholung nur noch mit bienenungefährlichen Präparaten.

Großer Erbsenkäfer bei Eiablage

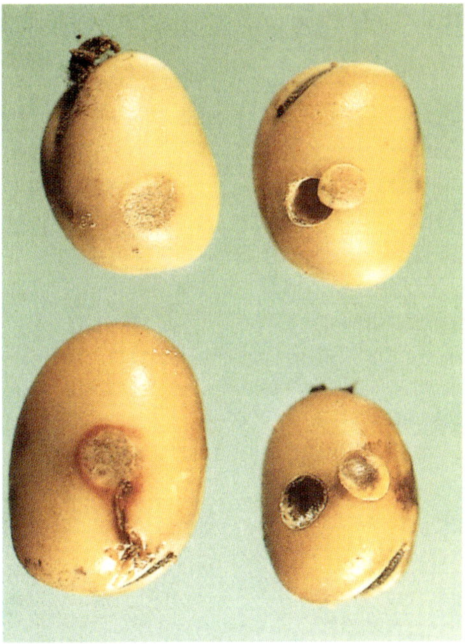

Brutkammer des Käfers mit Deckelchen

Fraßkerben des Blattrandkäfers

Blattrandkäfer beim Fraß

71.1 Maisbeulenbrand

Ustilago maydis

Bedeutung: Wirtschaftlich spürbare Schäden nach unterlassener Fritfliegenbekämpfung, nach Hagelschlag oder wenn nach längerer Trockenheit plötzlich reichlich Niederschläge fallen.

Schadbild: An allen oberirdischen Teilen der Maispflanze können sich silbriggraue Auftreibungen entwickeln. Der Maiskeimling stirbt dann ab; an Blättern bilden sich langgestreckte Beulenketten; die Fahne wird in kleine Beulchen umgewandelt. Der größte Schaden tritt auf, wenn der ganze Kolben in eine zunächst silbrig glänzende, dann sich schwarz verfärbende Beule verwandelt wird.

Biologie: Der Maisbeulenbrand kann über 10 Jahre ohne Wirtspflanze im Boden überdauern. Durch Wind und Regen werden die Sporen in die Blatttüten verfrachtet und infizieren dort insbesondere von Fritfliegenlarven verursachte Gewebeverletzungen. Weitere Beulenausbrüche sind möglich, wenn Nebenaugen der Maispflanze durch besondere Wetterlagen reaktiviert werden.

Bekämpfung: Zur Befallsminderung Fritfliegenbekämpfung insbesondere durch Saatgutinkrustierung. Beregnung in Trockenperioden kann das Ausmaß des Brandauftretens deutlich verringern.

71.2 Stengel- und Wurzelfäulen

Fusarium-, *Trichodochium-* und andere Arten

Bedeutung: Durch erhebliche Züchtungserfolge abnehmend. Auftreten des Schadkomplexes in allen Anbaulagen möglich. Durch Notreife sinkt das TKG, Stengelbruch erschwert die Erntearbeiten.

Schadbild: An den Wurzeln entstehen braunschwarze Verfärbungen. Die äußere Rindenschicht verfault und löst sich ab, Faserwurzeln verschwinden, die Stützwurzeln verrotten. Die Schadpilze dringen von unten in die Stammbasis ein. Die Pflanze reift frühzeitig ab, die Kolben hängen herab. Bei schlechter Kornausbildung ist die Kornzahl reduziert. Die Stengelbasis wird weichfaul und knickt bei Windböen leicht ab.

Biologie: Am Erreger-Komplex sind mehrere *Fusarium-* und andere Bodenpilzarten beteiligt. Stets treten Mischinfektionen auf. Wurzeln können während der ganzen Vegetationszeit, die Stengelbasis erst nach der Blüte erkranken. Für nachfolgenden Weizen erhöhtes Risiko durch Ährenfusarien.

Bekämpfung: Eine chemische Bekämpfung ist nicht möglich. Erfolgreich ist die Nutzung der Sortenunterschiede hinsichtlich Standfestigkeit. Maismonokultur und zu dichte Standweiten vermeiden. Saubere Pflugarbeit und angepaßte Stickstoffdüngung beachten.

Durch Brand absterbende Jungpflanze

Brand an Blättern und Fahne

Wurzelfäule

Notreife durch Wurzel- und Stengelfäule

72.1 Helminthosporium-Blattflecke

Exserohilum (syn. *Helminthosporium*) *turcicum*

Bedeutung: In feuchten Jahren vereinzelt in Süddeutschland auftretend, häufiger in feuchtwarmen Anbaulagen Österreichs; in USA als northern corn leaf blight von großer Ertragsbedeutung.

Schadbild: Befall an unteren Blättern beginnend, später auf die ganze Pflanze sich ausbreitend: auf Blattspreiten anfangs braune, elliptische bis längliche Flecke, in denen das Blattgewebe abstirbt. Die Blattflecke fließen zusammen, das Blatt wird dürr. Bei starkem Befall Pflanzen notreif.

Biologie: Der Pilz überwintert an befallenen Ernterückständen auf dem Feld. Konidiosporen im Frühsommer über große Entfernungen verdriftet; weiterer Befallsaufbau im Maisbestand. Durch feuchte Witterung und Temperaturen um 18-27 °C begünstigt. In Ländern mit langer Maisbautradition sind resistente Sorten vorhanden.

Bekämpfung: Kein Anbau von Mais nach Mais; Maisrückstände sauber einarbeiten; Sortenunterschiede nutzen.

72.2 Westlicher Maiswurzelbohrer

Diabrotica virgifera virgifera

Bedeutung: Verbreitet in Nordamerika; vor einigen Jahren erstmals in Serbien aufgetreten, breitet der Schädling sich in die Nachbarländer aus. Er hat 1998 die Mitte von Ungarn und die Grenze zu Österreich erreicht.

Schadbild: Die 5-6 mm langen Käfer, hell grünlichgelb gefärbt mit schwarzer Längsstreifung auf Flügeldecken und Beinen, ernähren sich von Blättern und Pollenfäden der Maispflanzen. Larven 10-18 mm lang, gelblichweiß mit brauner Kopfkapsel, vermindern die Wurzelmasse; die Pflanzen lassen sich dann leicht herausziehen und fallen um.

Biologie: Es überwintern die Eier im Boden; die Temperaturschwelle für den Beginn der Larvenentwicklung ist 13 °C; bei 22 °C Schlupf nach 38 Tagen. Die Larven fressen an den Haarwurzeln und später im Inneren älterer Wurzeln. Verpuppung im Boden. Käfer wandern nach oben; jährliche Ausbreitung 60 bis 100 km. Eiablage in den Boden in der Nähe von Maispflanzen in warmen Abendstunden; 1 Generation pro Jahr.

Bekämpfung: Kein Anbau von Mais nach Mais; Beidrillen von Insektiziden kann den Schaden mindern.

Helminthosporium-Blattflecke

Helminthosporium-Blattflecke

Käfer, 5 – 6 mm lang

Larven, bis 10 mm lang

73.1 Fritfliege

Oscinella frit

Bedeutung: In allen Anbaulagen Schädling auf Mais, der besonders spätere Saaten schwer schädigen kann.

Schadbild: Ab Erscheinen des 4. Laubblattes werden quer zur Blattspreite Lochreihen sowie parallel zu den Blattadern gelb-weiße Fraßrinnen sichtbar. Bei leichtem Befall überwächst der Mais den Schaden ohne Nachwirkungen. Bei mittelschwerem Befall verdreht sich der Haupttrieb und verkrüppelt; die Pflanze bildet dann 1-2 Seitentriebe, die jedoch minderwertige Kolben bilden. Bei schwerem Befall entwickelt sich die Pflanze nicht mehr weiter und stirbt völlig ab.

Biologie: Die Fritfliege tritt auch an Getreide und Gräsern mit 3 Generationen pro Jahr auf. Am Mais schädigt nur die 1. Generation, die im Mai 1-2 Eier auf das 1.-3. echte Laubblatt des Maises ablegt. Ab Erscheinen des 4. Blattes wird der Mais gemieden.

Bekämpfung: Mais im April säen! Spätere Saaten sind stärker gefährdet. Saatgut mit Spezialpräparaten inkrustieren. Damit werden auch der nachfolgende Befall mit Maisbeulenbrand und Vogelschäden beim Auflaufen des Maises gemindert. Eine Spritzung mit Kontaktinsektiziden bei unterlassener Inkrustierung ist im 1- bis 2-Laubblatt-Stadium möglich, jedoch in ihrer Wirkung unsicherer.

73.2 Vogelschäden

Fasan, Grünling, Sperling, Taube

Bedeutung: Ohne Abwehrmaßnahmen können Fasane an der auflaufenden Saat erhebliche Schäden verursachen. Die später in Ortsnähe zu findenden Sperlings- und Grünlingsschäden an reifenden Kolben beschränken sich überwiegend auf die ersten Randreihen.

Schadbilder: Schon vor dem Durchstoßen der Maiskeimlinge hackt der Fasan diese gezielt aus dem Boden, wobei ein Trichter im Boden entsteht und Pflanzenteile um die Schadstelle zu finden sind. Wird der Schaden durch Tauben verursacht, fehlt meist der typische Trichter im Boden. Die Fraßtätigkeit endet, wenn der Mais das 4. Laubblatt entwickelt hat, weil dann keinerlei Reservestoffe mehr im Saatkorn enthalten sind.
Im August entsteht das zweite Schadbild, wenn vor allem Grünlinge die Lieschen aufhacken und die noch weichen Maiskörner herausfressen. Derart geöffnete Kolben faulen bei Nässe.

Bekämpfung: Die beste Abwehr gegen Fasane besteht in der Inkrustierung des Saatguts mit fraßabschreckenden Spezialpräparaten. Diese Mittel halten auch die Fritfliegen ab. Der Herbstbefall kann dagegen nicht abgewehrt werden.

schwerer Fritfliegenschaden

Maisbrand auf Fritfliegenverletzungen

vom Fasan ausgehackte Keimpflanzen

von Grünlingen aufgehackte Kolben

74 Maiszünsler

Ostrinia nubilalis

Bedeutung: Ursprünglich nur in den wärmeren Maisanbaugebieten im Südwesten, jetzt in ganz Süddeutschland gefährlichster Schädling bei Saatmaisvermehrung, Körner- und Speisemais. Ausweitung des Befallsgebietes nach Mittel- und Ostdeutschland in Körnermaislagen und CCM-Betrieben. Örtlich und jahrgangsweise entstehen erhebliche Ertrags- und Qualitätsverluste.

Schadbild: Zunächst querliegende Lochreihen in der Blattspreite. Nachfolgend Löcher am Stengel mit hervorquellendem Bohrmehl und Kot, die sich in den Blattachseln sammeln. Fraßgänge mit bis zu 2,5 cm langen grünlichbraunen Raupen im Stengelmark, im Kolbenstiel, in der Kolbenspindel sowie in und an weichen Körnern. Der Fraß an Fahne und oberen Stengelteilen führt nur zu geringem Schaden, auch wenn diese Teile abknicken. Der Kolbenfraß ist meist gering, aber Speisemais wird unverkäuflich. Größere Schäden entstehen bei Stengelbruch unter dem Kolben.

Biologie: Der 12 mm große gelbbraune Schmetterling kann seine Entwicklung mit einer Generation pro Jahr in allen Klimazonen vollenden, die von Mai bis Juli mittlere Lufttemperaturen von 15 °C und mehr aufweisen.
Die Raupe überwintert in den Wurzelstrünken und Stengelteilen. Sie verpuppt sich ab Mitte Mai. Anflug der Falter beginnt Ende Juni und dauert bis Ende August, Flughöhepunkt Mitte Juli. Die weißen, abgeplatteten Eier werden in Paketen von 15-30 Stück dachziegelartig, besonders an der Blattunterseite der oberen Blattetagen, abgelegt. Die Räupchen verteilen sich rasch auch auf die Nachbarpflanzen und bohren sich in die Stengel ein. Fraßrichtung zunächst nach oben, dann nach unten bis zum Wurzelkopf. Knoten werden von außen umgangen. Fraß- und Entwicklungsgeschwindigkeit der Raupen hängen von der Gewebehärte der Sorten ab.

Bekämpfung: Wenn flächendeckend durchgeführt, sind das tiefe Abschlegeln und sorgfältige Unterpflügen der Maisstoppel sehr wirkungsvoll. Dadurch werden die Raupen zerquetscht und vergraben. Weitere Maßnahmen lohnen bei Silomais meist nicht. – Chemische Verfahren: Bei 80-100 cm Maishöhe wird einmalig eine Spritzung mit Pyrethroiden ausgebracht. – Das biologische Verfahren mit der Schlupfwespe *Trichogramma evanescens* ist zwar teurer, aber gleich wirksam und erfasst nur den Maisschädling. Diese die Eier des Zünslers parasitierende Schlupfwespe wird ab Beginn des Zünslerfluges im Puppenstadium in Papprähmchen im Bestand aufgehängt oder in Form von Kapseln oder Blättchen ausgestreut. Die geschlüpften Wespen zerstören die Zünslereier zu 70-90 %. Die Anflugkontrolle kann mit Licht- und Pheromonfallen erfolgen. Die Schadensschwelle liegt bei 5 Eigelegen/100 Pflanzen. Es stehen auch erste transgene Maissorten mit dem Toxin von *Bacillus thuringiensis* bereit.

Raupe im Stengel

Raupe im Kolben

Stengelbruch durch Maiszünsler-Befall

75.1 Stengelälchen

Ditylenchus dipsaci

Bedeutung: Örtlich begrenzt können insbesondere bei gehäuftem Anbau von Zuckerrüben und Mais in der Fruchtfolge in Befallsnestern Schäden bis zum Totalverlust der Pflanzen auftreten. Der Befall ist von Jahr zu Jahr sehr unterschiedlich ausgeprägt.

Schadbild: Junge Pflanzen wachsen zunächst nesterweise schräg nach oben, senken sich zu Boden, wachsen gekrümmt und gestaucht wieder in die Höhe und fallen schließlich um. Die Adventivwurzeln sind völlig verschwunden. Nur noch 1-2 Wurzelfasern halten Verbindung zum Boden. Die Stengelbasis weist trockenmorsche Faulstellen auf. Die Pflanze vertrocknet schließlich.

Biologie: Die Nematoden dringen bei ausreichender Bodenfeuchte im auflaufenden Mais bis zur Stengelbasis vor und zerstören dort das Zellgefüge der Pflanze. Nachfolgende Pilzinfektionen führen zur Trockenfäule. Zu schweren Schäden kommt es nur, wenn nach einem feuchten Frühjahr ausgeprägte Sommertrockenheit folgt.

Bekämpfung: Direkte chemische Bekämpfung ist nicht mehr möglich. Aufgrund des großen Wirtspflanzenkreises dieser Stengelälchenrasse bringen auch pflanzenbauliche Maßnahmen nicht immer Erfolg. Gerste und Kartoffeln können ohne Bedenken nachgebaut werden.

75.2 Erdraupen

Noctuiden-Larven

Bedeutung: Der nur jahrgangsweise zu beobachtende Befall beschränkt sich meist auf Nester innerhalb eines Feldes, kann aber in Schwerbefallsjahren über ganze Landstriche festgestellt werden.

Schadbild: Ab Anfang Juli findet sich an den Blättern Lochfraß. Nachfolgend beginnen Pflanzen von unten nach oben zu welken. Die Pflanzen knicken insbesondere bei Wind leicht im Bereich des Wurzelkopfes und fallen um. Im Wurzelkopf und weit bis in den Stengel finden sich die Fraßgänge.

Biologie: Die Eulenschmetterlinge legen im Juni ihre Eier auf die Wirtspflanzen ab. Die Raupen fressen zunächst an den Blättern, bis sie nach der 2.-3. Häutung als graubraune »Erdraupen« in den Boden abwandern und nun auch an den Wurzeln fressen. Die Verpuppung erfolgt im nächsten Frühjahr.

Bekämpfung: Chemische Bekämpfung mit Insektiziden ist nur gegen die Raupen auf den Blättern möglich. Wird Wurzelbefall an den Pflanzen erkennbar, kommen direkte Maßnahmen zu spät. Nach der Ernte empfiehlt sich rotierende Bodenbearbeitung. Gute Unkrautbekämpfung mindert die Lockwirkung zur Eiablage.

Stengelälchen: Umfallende Maispflanzen und vermorschte Stengelbasis

Erdraupen am Maisstengel

Erdraupen an Maiswurzel

Erklärung der Fachausdrücke

anholozyklisch: unvollständiger Entwicklungszyklus von Blattläusen unter Umgehung der sexuellen Phase auf dem Winterwirt.
Apothezien: schüsselförmige Fruchtkörper mit Askosporen.
Askosporen: geschlechtlich gebildete Sporen der Schlauchpilze (Ascomyceten).
Bekämpfungsschwelle: Ausmaß des Befalls mit Krankheitserregern oder Schädlingen bzw. der Verunkrautung, bei dem Bekämpfungsmaßnahmen durchgeführt werden sollten, um das Erreichen der Schadensschwelle zu verhindern.
Benzimidazol-Fungizide: Gruppe von Fungiziden mit chemisch verwandten Wirkstoffen, z. B. Carbendazim, Benomyl, Thiophanat-methyl, Thiabendazol, Fuberidazol.
Dauersporen: dickwandige Sporen von Pilzen, mit denen diese längere Zeit überdauern können.
Fraß- u. Kontaktgifte: Insektizide, die bevorzugt über den Verdauungsweg bzw. bei Berührung über Nervenlähmung zur Abtötung des betroffenen Insektes führen.
Fungizide: Pflanzenschutzmittel zur Bekämpfung von Pilzen.
holozyklisch: vollständiger Entwicklungszyklus von Blattläusen unter Einschluss der sexuellen Phase auf dem Winterwirt.
Hypokotyl: unterer Stengelteil von Pflanzen zwischen Wurzeln und Keimblättern.
Insektizide: Pflanzenschutzmittel zur Bekämpfung von Insekten.
Kleistothezien: kugelförmige, geschlossene Fruchtkörper mit Askosporen, z. B. bei Echtem Mehltau.
Konidien: durch ungeschlechtliche Fortpflanzung entstandene, der Verbreitung dienende Vermehrungsorgane von Pilzen.
Kontaktfungizide: Fungizide, die auf der Blattoberfläche die Pilzsporen durch Kontakt abtöten.
Kontaktübertragung: Weitergabe, z. B. von Viren, durch Berührung.
Larve: aus dem Ei schlüpfendes Entwicklungsstadium von Insekten, insbesondere Käfern, Schmetterlingen.
latenter Befall: nicht anhand von Symptomen erkennbarer Befall (z. B. mit Viren).
Made: aus dem Ei schlüpfendes, beinloses Entwicklungsstadium von Insekten (insbesondere Fliegen, Mücken).
Mischinfektion: gleichzeitiger Befall, z. B. mit mehreren Viren.
Mykotoxine: von bestimmten Pilzen, z. B. einigen *Fusarium*-Arten, abgesonderte Gifte, die für Mensch und Tier gefährlich sind.
Myzel: fadenförmige Teile (Hyphen) des Vegetationskörpers von Pilzen.
Nekrose: örtlich begrenzte, abgestorbene (nekrotische) Gewebezone.
Nematizide: Pflanzenschutzmittel zur Bekämpfung von Nematoden.
nichtpersistente Übertragung: Form der Übertragung von Pflanzenviren, bei der das Virus nur kurze Zeit an den Mundwerkzeugen des Vektors erhalten bleibt und nicht an die Nachkommen weitergegeben wird.
NTN: Tuber necrosis strain der Kartoffel YN-Virus

Parasiten: Schmarotzer, die ohne Gegenleistung auf Kosten eines Wirtstieres oder einer Wirtspflanze leben.
Pathotyp: Gruppe innerhalb einer Erregerart, die sich in der Pathogenität (Fähigkeit, eine Wirtspflanze krank zu machen) auf bestimmte Wirtspflanzensorten spezialisiert hat; früher auch als physiologische Rasse bezeichnet. Zum Beispiel bei Getreiderostarten, Getreidezystenälchen.
Perithezien: flaschenförmige Fruchtkörper mit Öffnung, enthalten Askosporen.
persistente Übertragung: Form der Übertragung von Pflanzenviren, bei der das Virus im Vektor lebenslänglich erhalten bleibt oder sogar an die Nachkommen weitergegeben wird.
Population: Gesamtheit der Individuen einer Art in einem begrenzten Gebiet.
Puppe: letztes Jugendstadium der Insekten vor der Umwandlung zum Vollinsekt.
Pyknidien: bei ungeschlechtlicher Fortpflanzung von Pilzen entstehende Sporen-Behälter mit Konidien.
Resistenz: Widerstandsfähigkeit eines Organismus gegenüber Krankheiten oder Schädlingen; oder von Schadorganismen gegenüber Pflanzenschutzmitteln.
Schadensschwelle: Ausmaß des Befalls der ohne Bekämpfung wirtschaftliche Schäden in gleicher Höhe wie die Kosten für eine wirksame Bekämpfung verursachen würde.
Sklerotien: Dauerorgane aus verdichtetem Pilzmyzel, widerstandsfähig gegen ungünstige Umweltverhältnisse.
Sporangien: an Hyphen entstehende Sporenbehälter von Pilzen.
Sporen: durch ungeschlechtliche oder geschlechtliche Fortpflanzung entstandene, der Verbreitung dienende, ein- oder mehrzellige Vermehrungsorgane von Pilzen.
Symptom: Erscheinungsbild(er) einer Erkrankung oder eines Befalls.
systemisch: mehr oder weniger gleichmäßige Ausbreitung von Krankheitserregern (z. B. Viren) oder Pflanzenschutzmitteln innerhalb der ganzen Pflanze.
TKG: Tausendkorngewicht. Neuerdings TKM = TK-Masse
Toxine: Giftstoffe, die von lebenden Organismen produziert werden.
Varietät: Gruppe innerhalb einer Pilzart, die sich durch bestimmte, vererbbare Eigenschaften von anderen unterscheidet.
Vektor: Organismus (z. B. Blattlaus, Pilz), der zur Übertragung von Krankheitserregern (z. B. Viren, Bakterien) von einer Pflanze zur anderen fähig ist.
Virulenz: Fähigkeit eines Erregers zum Befall einer Wirtspflanze.
Virus: (das Virus, die Viren) aus Nukleinsäure und Protein bestehende, submikroskopisch kleine Krankheitserreger.
Zoosporen: in Wasser bewegliche Sporen.
Zyste: verhärtete Haut des abgestorbenen Nematodenweibchens mit Eiern und Junglarven.

LITERATUR

BÖRNER, H. (1997): Pflanzenkrankheiten und Pflanzenschutz, 7. Aufl. - UTB 518.

CRÜGER, G. (1991): Pflanzenschutz im Gemüsebau, 3. Aufl. – Verlag E. Ulmer, Stuttgart.

DIERCKS, R., und HEITEFUSS, R. (1994): Integrierter Landbau, 2. Aufl. – BLV-Verlagsgesellschaft, München.

DUBNIK, H. (1991): Blattläuse, Artenbestimmung – Biologie – Bekämpfung. – Verlag Th. Mann, Gelsenkirchen-Buer.

HAGEDORN, D. J. (1984): Compendium of Pea Diseases. - The American Phytopathological Society, St. Paul, Minnesota/USA.

HÄNI, F., POPOW, G., REINHARD, H., SCHWARZ, A., TANNER, K., und VORLET, M. (1987): Integrierter Pflanzenschutz im Ackerbau. - Landwirtschaftliche Lehrmittelzentrale, Zollikofen/CH.

HEINZE, K. (Hrsg.) (1983): Leitfaden der Schädlingsbekämpfung. Bd. III, Schädlinge und Krankheiten im Ackerbau. - Wissenschaftliche Verlagsgesellschaft mbH, Stuttgart.

HEITEFUSS, R. (2000): Pflanzenschutz, Grundlagen der praktischen Phytomedizin, 3. Aufl. - Thieme-Verlag, Stuttgart.

HOFFMANN, G. M., und SCHMUTTERER, H. (1999): Parasitäre Krankheiten und Schädlinge an landwirtschaftlichen Nutzpflanzen. 2. Aufl. - Verlag E. Ulmer, Stuttgart.

HOOKER, W. J. (1981): Compendium of Potato Diseases. - The American Phytopathological Society, St. Paul, Minnesota/USA.

INSTITUT FÜR PFLANZENBAU UND PFLANZENSCHUTZ (Hrsg.) (1999): Pflanzenschutz im Ackerbau, auf Grünland und im Gemüsebau im Freiland, Landwirtschaftskammer Weser-Ems.

KLINKOWSKI, M., MÜHLE, E., REINMUTH, E., und BOCHOW, H. (Hrsg.) (1974): Phytopathologie und Pflanzenschutz. Bd. II, Krankheiten und Schädlinge landwirtschaftlicher Kulturpflanzen, 2. Aufl. - Akademie-Verlag, Berlin.

LAUENSTEIN, G. (1992): Schwellenwerte für die Bekämpfung tierischer Schädlinge in Ackerbaukulturen und auf Grünland. KTBL-Arbeitsblatt: Landtechnik und Pflanzenbau, Nr. 0239.

MATHRE, D. E. (Hrsg.) (1997): Compendium of Barley Diseases, 2nd edition. - The American Phytopathological Society, St. Paul, Minnesota/USA.

MEIER, W. (1985): Pflanzenschutz im Feldbau - Tierische Schädlinge und Pflanzenkrankheiten. 8. erweiterte Auflage - Eidg. Forschungsanstalt für landw. Pflanzenbau, Zürich-Reckenholz.

MEINERT, G., und MITTNACHT, A. (1992): Integrierter Pflanzenschutz: Unkräuter, Krankheiten und Schädlinge im Ackerbau. - Verlag E. Ulmer, Stuttgart.

MEYER, E. et al.: Taschenbuch des Pflanzenarztes, 48. Aufl. Landwirtschaftsverlag Münster-Hiltrup, 1999.

OBST, A., und PAUL, V. H. (1993): Krankheiten und Schädlinge des Getreides. – Verlag Th. Mann, Gelsenkirchen-Buer.

OBST, A., SACHS, E., GEBHART, CH., APPEL, J., BEER, E., HABEKUSS, A., KiEWNICK, L., und ZIMMERMANN, H. (1995): Die häufigsten Blattflecke bei Gerste. Pflanzenschutz-Praxis H. 2, 21-28.

PAUL, V. H. (1992): Krankheiten und Schädlinge des Rapses, 2. Aufl. - Verlag Th. Mann, Gelsenkirchen-Buer.

RADTKE, W., und RIECKMANN, W. (1990): Krankheiten und Schädlinge der Kartoffel. - Verlag Th. Mann, Gelsenkirchen-Buer.

RIECKMANN, W., und STECK, U. (1995): Krankheiten und Schädlinge der Zuckerrübe. – Verlag Th. Mann, Gelsenkirchen-Buer.

SCHÄUFELE, W. R. (1982): Schädlinge und Krankheiten der Zuckerrübe. – Verlag Th. Mann, Gelsenkirchen-Buer.

SCHÖBER-BUTIN, B., GARBE, V., und BARTELS, G. (1999): Farbatlas Krankheiten und Schädlinge an landwirtschaftlichen Kulturpflanzen. – Verlag E. Ulmer, Stuttgart.

SPAAR, D., KLEINHEMPEL, H., und FRITZSCHE, R. (1989): Getreide, Mais und Futtergräser. – Springer-Verlag, Berlin.

SUTER, H., und KELLER, S., (1990): Blattläuse und Blattlausfeinde. - Bubenberg Druck- und Verlags-AG, Bern/CH.

WHITE, D. G. (Hrsg.) (1999): Compendium of Corn Diseases, 3rd ed. - The American Phytopathological Society, St. Paul, Minnesota/USA.

WHITNEY, E. D., und DUFFUS, J. E. (1986): Compendium of Beet Diseases and Insects. The American Phytopathological Society, St. Paul, Minnesota/USA.

WIESE, M. V. (Hrsg.) (1987): Compendium of Wheat Diseases, 2nd ed. - The American Phytopathological Society, St. Paul, Minnesota/USA.

Buchtipps

Erfolgreicher Ackerbau ohne Pflug

Ackerbau ohne Pflug hat sich weltweit als nachhaltige Maßnahme zum Ressourcenschutz etabliert. Das Buch bietet dem umstellungswilligen Landwirt eine leicht verständliche und nachvollziehbare Orientierung zur Selbsthilfe. Die Autoren behandeln Themen wie die Technik der konservierenden Bodenbearbeitung, Anbaupraxis, wirtschaftliche Beurteilung des Anbausystems und die Umstellung des Anbausystems. Ein wissenschaftlich fundierter und zugleich praxisnaher Ratgeber.

€ 19,90 (D) • € 20,50 (A) • sFr 33,50
K. Köller, C. Linke
2. Aufl. 2000. 176 S., durchgehend vierfarbig
ISBN 3-7690-0574-0

Praktische Bodenbearbeitung

Eine zielgerichtete und bodenschonende Bodenbearbeitung gewinnt immer mehr an Bedeutung. Dennoch soll der Maschineneinsatz so kostengünstig wie möglich bleiben. Ein Praxisratgeber.

€ 29,80 (D) •
€ 30,70 (A) • sFr 49,50
Estler/Knittel
2. Aufl. 1996.
264 S., 285 Abb.
ISBN 3-7690-0529-5

Roggen

Alles über die Entwicklung des Roggens vom Wildgras zum Brotgetreide in einem Band.

€ 17,50 (D) •
€ 18,– (A) • sFr 29,80
Miedaner
1997. 160 Seiten, 48 Abb.
ISBN 3-7690-0540-6

Triticale

Alles Wissenswerte über den erfolgreichen Anbau des Winterweizen-Roggen-Bastards.

€ 17,90 (D) •
€ 18,45 (A) • sFr 30,50
Karpenstein-Machan
1994. 144 S., mit Farbtafeln
ISBN 3-7690-0523-6

Buchtipps

Handbuch Mais

Ein praxisnahes und wissenschaftlich fundiertes Nachschlagewerk zu allen Fragen der Maisproduktion.

€ 10,50 (D) •
€ 10,80 (A) • sFr 18,50
Zscheischler u. a.
4. Aufl. 1990. 320 Seiten
zahlreiche Abb. und Tab.
ISBN 3-7690-0473-6

Preishit!

Unkrautbekämpfung im Integrierten Pflanzenschutz

Entscheidungshilfen für die Unkrautregulierung und gezielte Bekämpfungsmaßnahmen.

€ 7,50 (D) •
€ 7,75 (A) • sFr 13,80
Kees u. a.
5. Aufl. 1993.
240 S., s/w Abb.
ISBN 3-7690-0507-4

Bodenerosion, Bodenerhaltung

Durch Eingriffe des Menschen in das Gleichgewicht der Biosphäre entstehen gewaltige Schäden durch Bodenerosion. Hierbei geht es um den Verlust des Bodens, eines der kostbarsten Güter des Landwirts. Das Buch gibt einen Überblick über die Faktoren, das Auftreten, den Ablauf und die Folgen von Bodenerosion.

€ 11,80 (D) • € 12,25 (A) • sFr 21,–
Breburda
1983. 128 Seiten
ISBN 3-7690-0387-X